Heft 3

Heft 4

Rechentricks in der Einmaleinstabelle finden

·	1	2	3	4	5	6	7	8	9	10
1	1 · 1 = ■	1 · 2 = ■	1 · 3 = ■	1 · 4 = ■	1 · 5 = ■	1 · 6 = ■	1 · 7 = ■	1 · 8 = ■	1 · 9 = ■	1 · 10 = ■
2	2 · 1 = ■	2 · 2 = ■	2 · 3 = ■	2 · 4 = ■	2 · 5 = ■	2 · 6 = ■	2 · 7 = ■	2 · 8 = ■	2 · 9 = ■	2 · 10 = ■
3	3 · 1 = ■	3 · 2 = ■	3 · 3 = ■	3 · 4 = ■	3 · 5 = ■	3 · 6 = ■	3 · 7 = ■	3 · 8 = ■	3 · 9 = ■	3 · 10 = ■
4	4 · 1 = ■	4 · 2 = ■	4 · 3 = ■	4 · 4 = ■	4 · 5 = ■	4 · 6 = ■	4 · 7 = ■	4 · 8 = ■	4 · 9 = ■	4 · 10 = ■
5	5 · 1 = ■	5 · 2 = ■	5 · 3 = ■	5 · 4 = ■	5 · 5 = ■	5 · 6 = ■	5 · 7 = ■	5 · 8 = ■	5 · 9 = ■	5 · 10 = ■
6	6 · 1 = ■	6 · 2 = ■	6 · 3 = ■	6 · 4 = ■	6 · 5 = ■	6 · 6 = ■	6 · 7 = ■	6 · 8 = ■	6 · 9 = ■	6 · 10 = ■
7	7 · 1 = ■	7 · 2 = ■	7 · 3 = ■	7 · 4 = ■	7 · 5 = ■	7 · 6 = ■	7 · 7 = ■	7 · 8 = ■	7 · 9 = ■	7 · 10 = ■
8	8 · 1 = ■	8 · 2 = ■	8 · 3 = ■	8 · 4 = ■	8 · 5 = ■	8 · 6 = ■	8 · 7 = ■	8 · 8 = ■	8 · 9 = ■	8 · 10 = ■
9	9 · 1 = ■	9 · 2 = ■	9 · 3 = ■	9 · 4 = ■	9 · 5 = ■	9 · 6 = ■	9 · 7 = ■	9 · 8 = ■	9 · 9 = ■	9 · 10 = ■
10	10 · 1 = ■	10 · 2 = ■	10 · 3 = ■	10 · 4 = ■	10 · 5 = ■	10 · 6 = ■	10 · 7 = ■	10 · 8 = ■	10 · 9 = ■	10 · 10 = ■

1 a) Wie viele Aufgaben in deiner Einmaleinstabelle sind noch nicht gelöst?

b) Findet Möglichkeiten, die Aufgaben in den weißen Feldern zu lösen.

2 Linus und Jule haben die Aufgabe 4 · 3 mit Rechentricks gelöst. Erkläre.

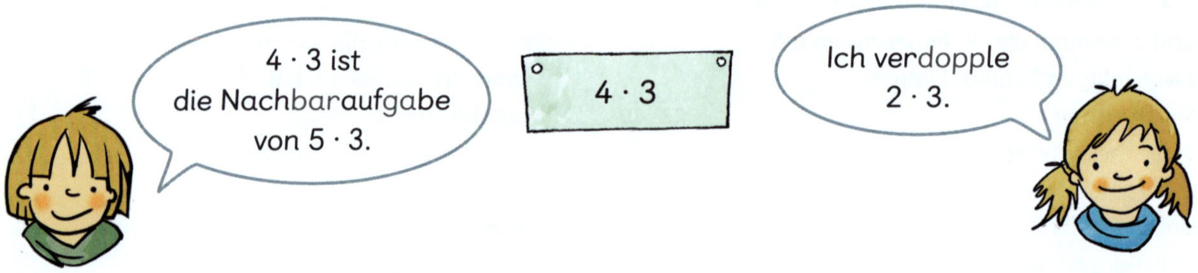

3 Löse die Aufgaben mit einer Nachbaraufgabe.

a) 9 · 8 = ■ b) 4 · 7 = ■ c) 6 · 3 = ■ d) 3 · 6 = ■

S. 4 Nr. 3
a) 9 · 8 =
10 · 8 = 80

4 Löse die Aufgaben durch Verdoppeln einer leichten Aufgabe.

a) 4 · 6 = ■ b) 4 · 8 = ■ c) 4 · 9 = ■ d) 4 · 4 = ■

S. 4 Nr. 4
a) 4 · 6 =
2 · 6 = 12

5 Löse die Aufgaben mit einem Rechentrick. Notiere.

a) 9 · 7 = ■ b) 8 · 4 = ■ c) 6 · 9 = ■ d) 6 · 4 = ■

6 Trage alle Ergebnisse der Aufgaben 3 bis 5 in deine Einmaleinstabelle ein. Wie viele Aufgaben sind jetzt noch nicht gelöst?

1a Feststellen, dass mit den Kernaufgaben die meisten Aufgaben gelöst sind
1b Lösungen mit Plusaufgaben, Einmaleinsreihen … finden

1 Schreibe die 2er-Reihe in eine Tabelle und verdopple.

2er-Reihe	2	4	6	8	10	■	■	■	■	■
+ 2er-Reihe	2									
= □er-Reihe	4									

2 Schreibe zu jeder Plusaufgabe eine Malaufgabe und löse sie.

a

4 + 4 + 4 = ■
4 + 4 + 4 + 4 + 4 = ■
4 + 4 + 4 + 4 + 4 + 4 + 4 + 4 = ■

b

6 + 6 + 6 + 6 = ■
2 + 2 + 2 + 2 = ■
9 + 9 + 9 + 9 = ■

3 a

5 · 4 = ■ 2 · 4 = ■ 9 · 4 = ■ 7 · 4 = ■ 6 · 4 = ■
3 · 4 = ■ 4 · 4 = ■ 8 · 4 = ■ 1 · 4 = ■ 10 · 4 = ■

b

4 · 6 = ■ 4 · 3 = ■ 4 · 10 = ■ 4 · 0 = ■ 4 · 5 = ■
4 · 2 = ■ 4 · 8 = ■ 4 · 7 = ■ 4 · 9 = ■ 4 · 1 = ■

Einmaleins mit 4

1 · 4 = □
2 · 4 = □
3 · 4 = □
4 · 4 = □
5 · 4 = □
6 · 4 = □
7 · 4 = □
8 · 4 = □
9 · 4 = □
10 · 4 = □

4 Schreibe die Aufgaben der 4er-Reihe geordnet auf.

5 Übe mit deinem Partner das Einmaleins mit 4.
Die Kernaufgaben müsst ihr auswendig wissen.

6 Ergänze deine Einmaleinstabelle mit den Lösungen des Einmaleins mit 4.

4 Ggf. mit Einmaleins-Übungskarte (Beilage 6) kontrollieren
5 Einmaleins-Übungskarte (Beilage 6) verwenden

1 Schreibe die 4er-Reihe in eine Tabelle und verdopple.

4er-Reihe	4	8	12	16	20					
+ 4er-Reihe	4									
= er-Reihe	8									

2 Schreibe zu jeder Plusaufgabe eine Malaufgabe und löse sie.

a

8 + 8 + 8 + 8 =
8 + 8 + 8 + 8 + 8 + 8 =
8 + 8 + 8 + 8 + 8 + 8 + 8 + 8 =

b

5 + 5 + 5 + 5 + 5 + 5 + 5 + 5 =
4 + 4 + 4 + 4 + 4 + 4 + 4 + 4 =
7 + 7 + 7 + 7 + 7 + 7 + 7 + 7 =

3 a

2 · 8 =	3 · 8 =	5 · 8 =	4 · 8 =	9 · 8 =
7 · 8 =	8 · 8 =	10 · 8 =	6 · 8 =	1 · 8 =

b

8 · 1 =	8 · 4 =	8 · 3 =	8 · 0 =	8 · 10 =
8 · 5 =	8 · 2 =	8 · 6 =	8 · 9 =	8 · 7 =

Einmaleins mit 8

1 · 8 = □
2 · 8 = □
3 · 8 = □
4 · 8 = □
5 · 8 = □
6 · 8 = □
7 · 8 = □
8 · 8 = □
9 · 8 = □
10 · 8 = □

4 Schreibe die Aufgaben der 8er-Reihe geordnet auf.

5 Übe mit deinem Partner das Einmaleins mit 8.
Die Kernaufgaben müsst ihr auswendig wissen.

6 Ergänze deine Einmaleinstabelle mit den Lösungen des Einmaleins mit 8.

4 Ggf. mit Einmaleins-Übungskarte (Beilage 6) kontrollieren
5 Einmaleins-Übungskarte (Beilage 6) verwenden

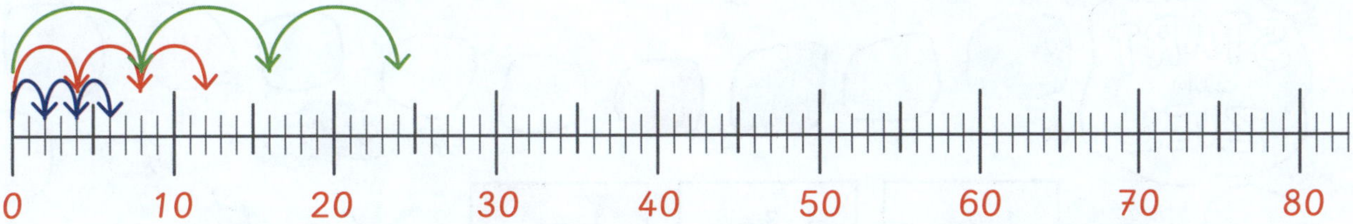

1 Zeichne an einem Zahlenstrahl die Reihen mit Pfeilen ein. Was fällt dir auf?

a) 2er-Reihe b) 4er-Reihe c) 8er-Reihe

2 Welche Zahlen kommen in allen drei Reihen vor?

3 Welche Aussagen sind richtig, welche sind falsch? Begründe.

a) Jede Zahl aus der 2er-Reihe kommt auch in der 4er-Reihe vor.

b) Jede Zahl aus der 4er-Reihe kommt auch in der 2er-Reihe vor.

c) Es gibt Zahlen, die nur in der 8er-Reihe vorkommen.

d) Die Zahl 25 kommt in der 2er-, 4er- und 8er-Reihe nicht vor.

4 Schreibe zu jeder Zahl möglichst viele Malaufgaben.
Vergleiche mit deinem Partner.

8 16 20 32 40 64

5 Schreibe die 2er-, 4er- und 8er-Reihe auf.

S. 7 Nr. 5
2er-Reihe: 2, 4, 6,

6 Setze fort, soweit du kannst.

a)
$1 \cdot 4 =$ ▢
$3 \cdot 4 =$ ▢
$5 \cdot 4 =$ ▢

b)
$2 \cdot 2 =$ ▢
$4 \cdot 2 =$ ▢
$6 \cdot 2 =$ ▢

c)
$10 \cdot 8 =$ ▢
$8 \cdot 8 =$ ▢
$6 \cdot 8 =$ ▢

d)
$8 \cdot 1 =$ ▢
$8 \cdot 3 =$ ▢
$8 \cdot 5 =$ ▢

7 Beschreibe die Tiger-Päckchen von Aufgabe 6.

1 Zahlenstrahl (Kopiervorlage) verwenden; feststellen, dass sich die Einmaleinsreihen überschneiden
7 Erste Zahl …, zweite Zahl …, Ergebnis …

1

Kernaufgaben-Spiel Spiel für 2 bis 4 Kinder

- Würfelt reihum und fahrt mit euren Spielsteinen.
- Landet ein Spieler auf einem farbigen Feld, nennt er alle Kernaufgaben dieser Farbe. Schafft der Spieler es ohne Fehler, darf er stehen bleiben, sonst muss er 3 Felder zurück.
- Sieger ist, wer zuerst im Ziel ankommt.

2 Nutze die Kernaufgaben.

a)
$6 \cdot 3 =$
$6 \cdot 7 =$
$6 \cdot 9 =$

b)
$3 \cdot 6 =$
$3 \cdot 5 =$
$3 \cdot 4 =$

c)
$9 \cdot 8 =$
$9 \cdot 2 =$
$9 \cdot 3 =$

d)
$4 \cdot 7 =$
$4 \cdot 6 =$
$4 \cdot 3 =$

S. 8 Nr. 2
$6 \cdot 3 =$
$5 \cdot 3 = 15$

3 Setze fort, soweit du kannst.

a)
$8 \cdot 2 =$
$8 \cdot 3 =$
$8 \cdot 4 =$

b)
$2 \cdot 10 =$
$2 \cdot 8 =$
$2 \cdot 6 =$

c)
$1 \cdot 5 =$
$3 \cdot 5 =$
$5 \cdot 5 =$

d)
$10 \cdot 10 =$
$8 \cdot 10 =$
$6 \cdot 10 =$

1 Einmaleins-Übungskarte (Beilage 6) oder Einmaleinstabelle als Kontrolle verwenden

Rechendreiecke

1 Untersuche das Rechendreieck.
Wie wird gerechnet?
Erkläre.

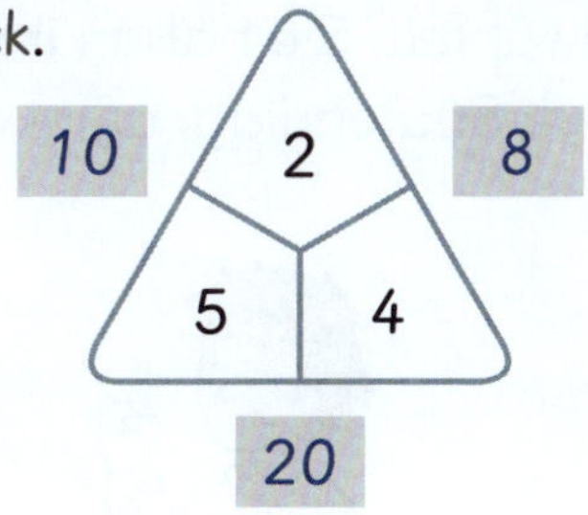

2 Zeichne die Mal-Rechendreiecke ins Heft und löse sie.

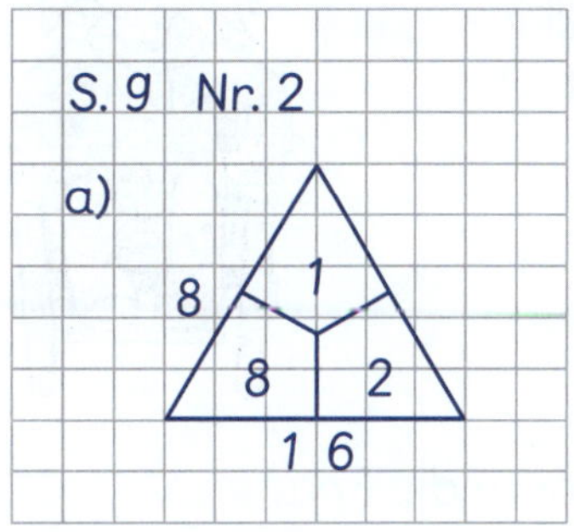

a

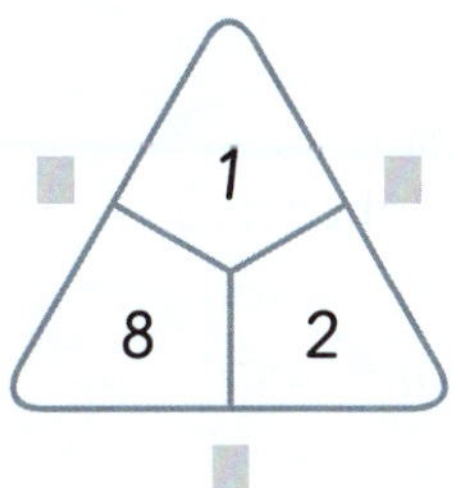

b

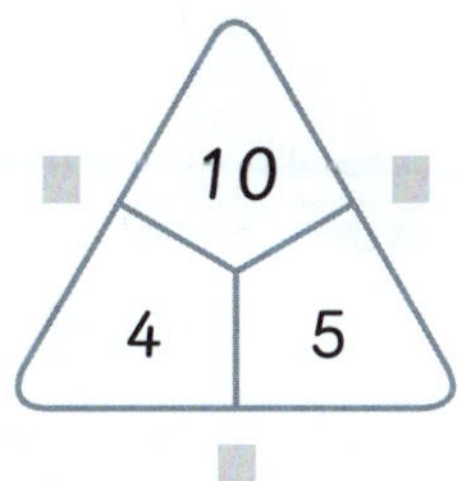

c

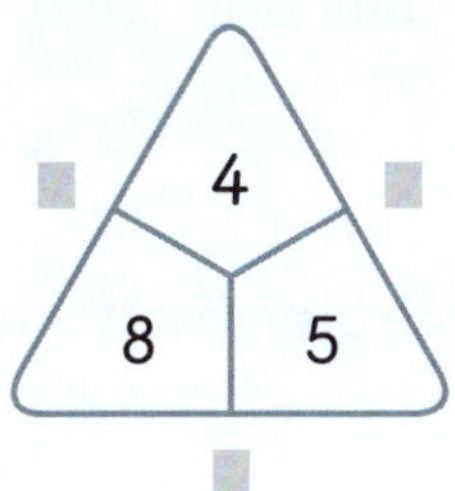

d

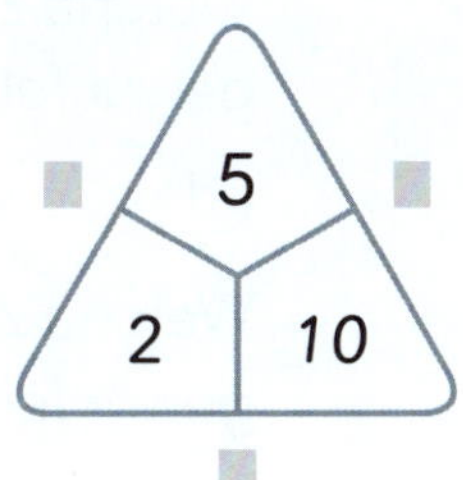

e

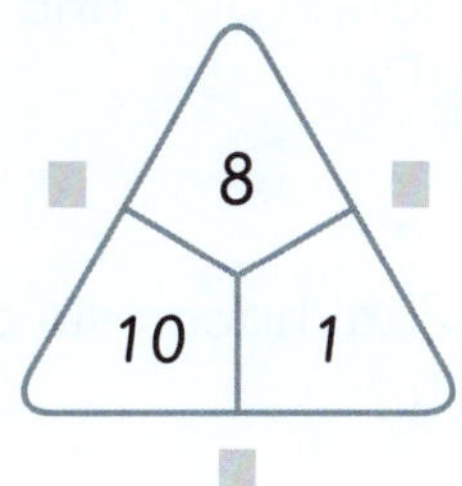

3 a

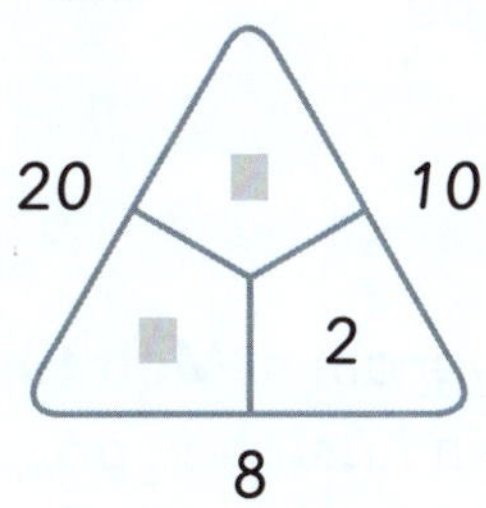

b

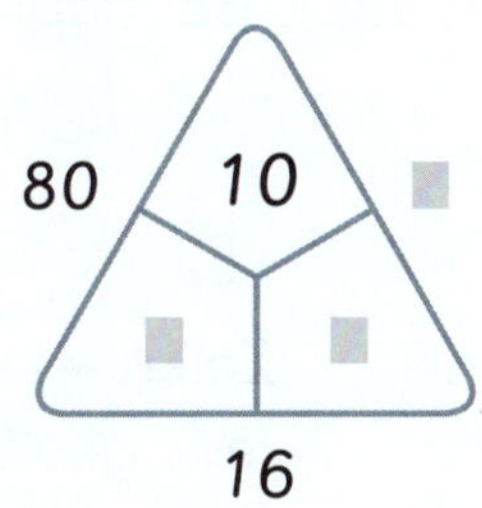

c

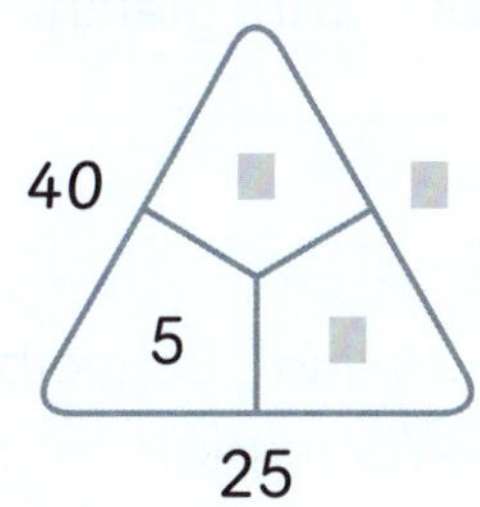

4 Erfinde Mal-Rechendreiecke für deinen Partner.

?

5 Setze die Zahlen passend in das Mal-Rechendreieck ein.
Vergleiche mit deinem Partner.

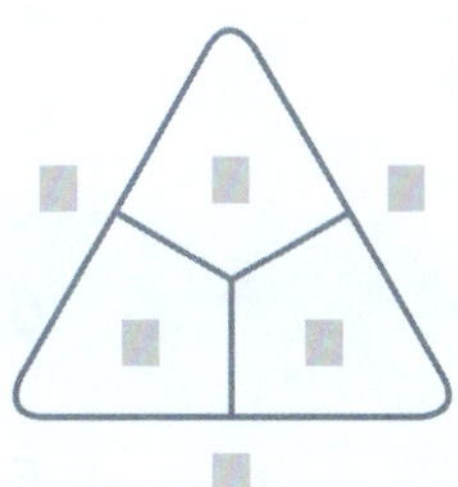

32 8 5 4 20 40

Jule und Luis haben 24-mal gewürfelt. Sie haben ihr Ergebnis in einem Würfelplan und in einem Säulendiagramm dargestellt.

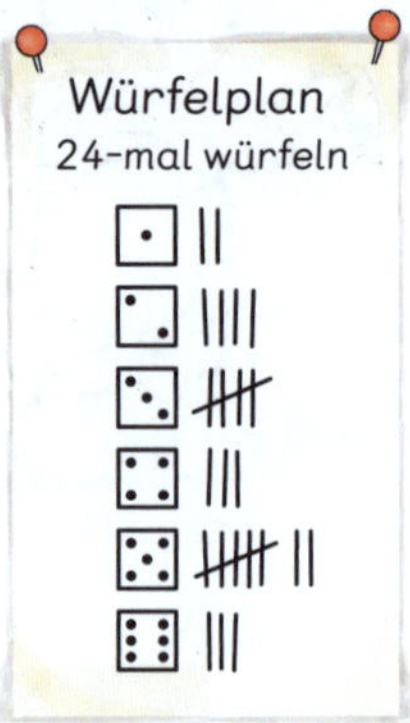

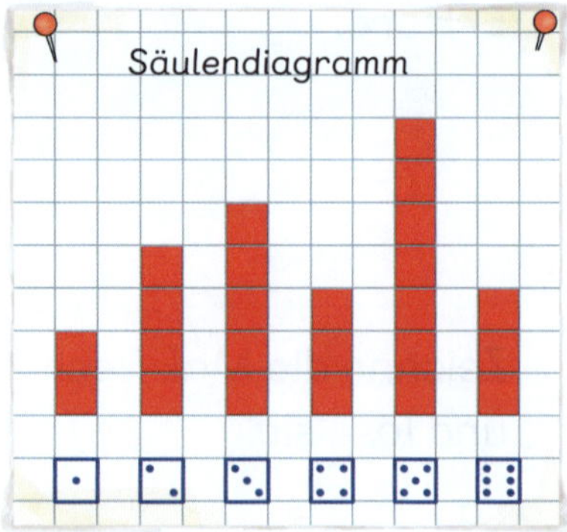

Für jede gewürfelte Zahl habe ich ein Kästchen im Säulendiagramm angemalt.

1 Beantworte die Fragen.

a) Wie oft haben Jule und Luis jede Zahl gewürfelt?

b) Welche Zahl haben sie am häufigsten gewürfelt?

c) Welche Zahl haben sie am seltensten gewürfelt?

d) Welche Zahlen haben sie gleich oft gewürfelt?

2 Jule behauptet: „Jedes Ergebnis muss 4-mal vorkommen, denn beim Würfeln kommt jede Zahl gleich oft vor." Stimmt Jules Behauptung? Begründe.

3

a) Würfelt 24-mal. Schreibt euer Ergebnis in einen Würfelplan.

b) Zeichnet ein Säulendiagramm. Malt für jede gewürfelte Zahl ein Kästchen an.

c) Beantwortet die Fragen aus Aufgabe 1 zu eurem Würfelergebnis.

d) Vergleicht euer Ergebnis mit den Ergebnissen anderer Kinder. Was stellt ihr fest?

4

a	b	c	d
50 − 7 = ▢	63 − 7 = ▢	68 + 9 = ▢	18 + 7 = ▢
30 − 4 = ▢	81 − 7 = ▢	72 + 9 = ▢	45 + 8 = ▢
40 − 8 = ▢	35 − 7 = ▢	54 + 9 = ▢	88 + 6 = ▢

Unsere Lieblingsfarben							
	Rot	Blau	Gelb	Grün	Weiß	Schwarz	Andere
2a	III	卌 卌	I	I			IIII
2b	III	卌 II	I	II			卌 II
2c		IIII	I	I		III	卌 III

1 Untersuche die Tabelle.

a) Was kannst du alles ablesen? Verwende die Wortstreifen.

mehr als | weniger als | am meisten | gleich viele wie | am wenigsten

b) Wie viele Kinder sind in jeder Klasse?

S. 11 Nr. 1
c) Rot: 6 Kinder
Blau:

c) Wie viele Kinder haben insgesamt die Lieblingsfarbe Rot, Blau, Gelb ...?

2 a) Zeichne ein Säulendiagramm mit den Zahlen von Aufgabe 1c).
Male für jedes Kind ein Kästchen an.

b) Was kannst du alles ablesen? Verwende die Wortstreifen von Aufgabe 1a).

c) Vergleiche die Strichliste mit dem Säulendiagramm. Was stellst du fest?

3 Welche Aussagen sind richtig, welche sind falsch?

a) Kein Kind hat die Lieblingsfarbe Weiß.

b) Die meisten Kinder haben die Lieblingsfarben Rot oder Grün.

c) Schwarz und Lila zusammen sind beliebter als Gelb und Grün zusammen.

d) In allen 3 Klassen zusammen sind mehr als 50 Kinder.

4 Was sind eure Lieblingsfarben? Sammelt Daten aus eurer Klasse.
Stellt sie mit Strichlisten und Säulendiagrammen dar. Was könnt ihr ablesen?

2c Vor- und Nachteile jeder Darstellung thematisieren

Muster mit Formen

1 Schneide aus Karton eine Form aus. Umfahre die Form und verschiebe sie. Umfahre sie wieder und verschiebe weiter. Fahre fort, bis ein Muster entstanden ist.

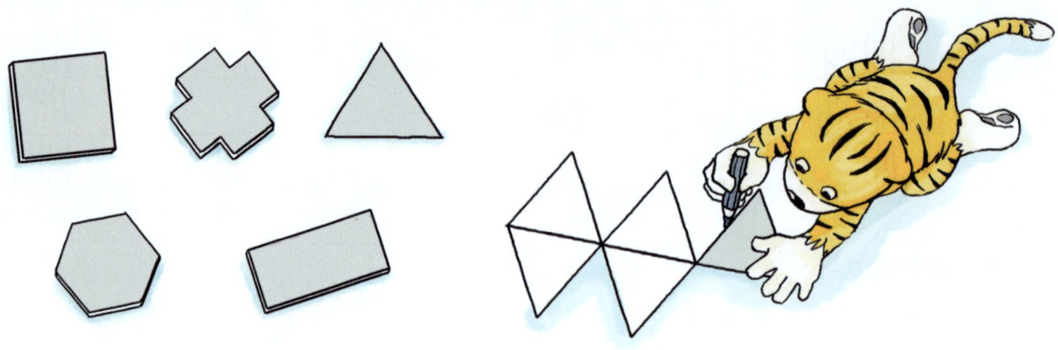

2 Malt eure Muster an. Gestaltet eine Ausstellung. Beschreibt und vergleicht sie.

3 Zeichne auf ein Blatt Papier eine rote Spiegelachse. Gestalte eine Seite mit einem Muster. Verwende dazu nur eine Form. Tausche mit deinem Partner und ergänze sein Muster.

4 Beschreibe die Muster. Welche Formen wurden verwendet? Zeichne sie ins Heft und spiegle sie.

a

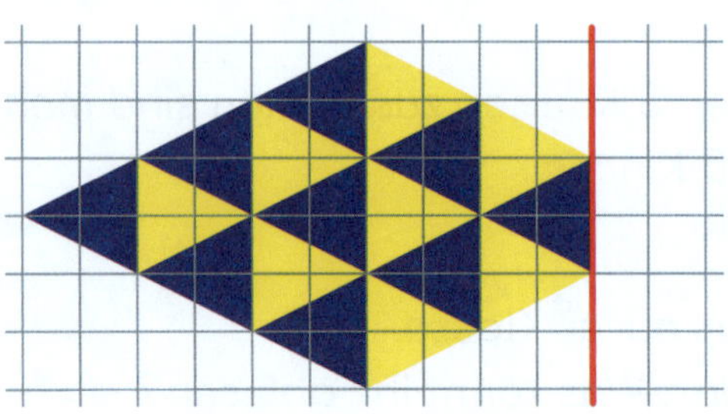

b

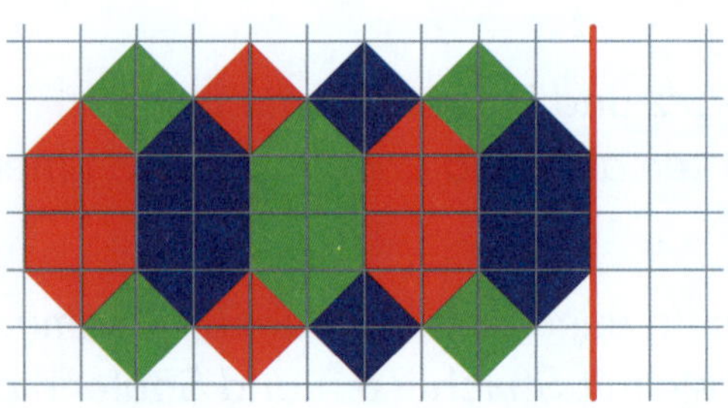

In Mustern Rechenaufgaben entdecken

1 a

Erkläre, wie die Kinder die Aufgaben zu dem Muster entdeckt haben.
Löse dann alle Aufgaben. Was stellst du fest?

b

Finde noch weitere Aufgaben zu dem Muster.

2 Finde zu den Mustern möglichst viele Aufgaben und löse sie.
Vergleiche mit deinem Partner.

a

b

3 Zeichne Muster, die zu diesen Aufgaben passen.

a $5 \cdot 4$ b $3 \cdot 8$ c $10 \cdot 2$ d $4 + 4 + 4$ e $9 + 9$

4 Zeichne ein Muster, bei dem man Plus- und Malaufgaben finden kann.
Dein Partner schreibt die Aufgaben dazu.

5 a

Lisa findet zum ersten Bild die Aufgabe
$2 \cdot 2 = 4$. Dann spiegelt sie die neue Figur.
Welche Aufgabe kann sie jetzt finden?

b

Lisa spiegelt noch mehrere Male. Finde eine Aufgabenreihe, die zu den Figuren passt.

1a Feststellen, dass alle Aufgaben das gleiche Ergebnis haben

1 Emma, Hamid und Finn haben 15 Orangen.
Jeder soll gleich viele bekommen.

a) Spielt die Rechengeschichte mit Steckwürfeln.
Wie geht ihr vor?

b) Spielt eure Lösung der Klasse vor und vergleicht.

2 Spielt auch diese Rechengeschichten.
Schreibt jeweils Frage (F) und Antwort (A) auf.

a)

S. 14 Nr. 2

a) F: Wie viele Gruppen sind es?

A: Es sind ____ Gruppen.

b)

c)

3 Denke dir noch weitere Rechengeschichten für deinen Partner aus.
Warum ist es nicht immer möglich, gerecht zu teilen?

4

5 + 4 = 9	10 − 5 = 5	14 + 6 = 20	20 − 2 = 18
7 + 2 = 9	10 − 9 = 1	11 + 2 = 13	20 − 7 = 13
3 + 3 = 6	10 − 3 = 7	18 + 1 = 19	20 − 6 = 14

1 Spielt die Rechengeschichten mit Steckwürfeln.
Schreibt jeweils Lösungsweg (L) und Antwort (A) auf.

S. 15 Nr. 1
a) L: 12 : 3 = 4
A: Man braucht 4 Teller.

a
12 Kekse, immer 3 Kekse auf einen Teller.
Wie viele Teller braucht man?

b
32 Karten, immer 8 für ein Kind. Wie viele Kinder spielen?

c
25 Steckwürfel, immer 7 in einen Turm. Wie viele bleiben übrig?

2 Finde einen Lösungsweg (L) mit
Punktebild und Geteiltaufgabe.
Schreibe eine Antwort (A) auf.

S. 15 Nr. 2
a) L: 
24 : 6 = 4
A: Es sind __ Schachteln.

a
24 Eier, immer 6 in eine Schachtel.
Wie viele Schachteln sind es?

b
16 Kinder, immer 4 in eine Gruppe.
Wie viele Gruppen sind es?

c
22 Personen, immer 5 in ein Auto.
Wie viele Autos sind es?

3 Zeichne die Muster ab und setze sie fort.

a
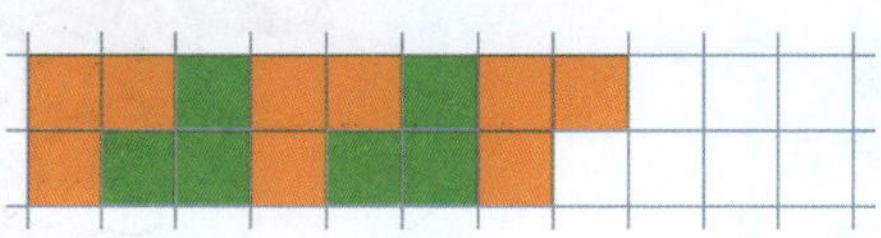

b
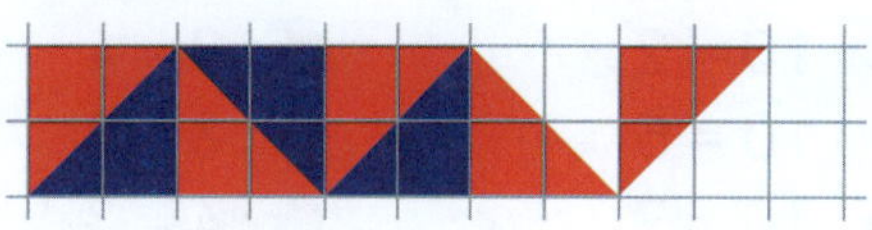

Umkehraufgaben

1 Erkläre, wie Taio und Mia rechnen.

2 Schreibe zu jedem Punktebild eine Geteiltaufgabe und ihre Umkehraufgabe auf.

a

b

c

d

e

f
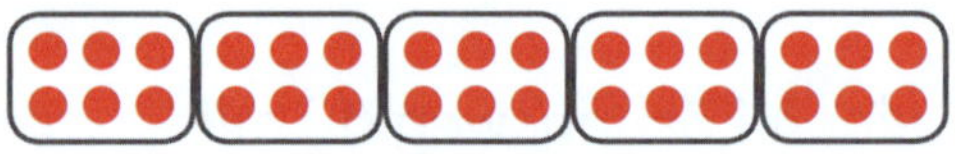

S.	1	6	Nr.	2						
a)		2	0	:	4	=		5		
			5	·	4	=	2	0		

3 Löse die Geteiltaufgaben. Rechne zur Kontrolle (K) die Umkehraufgabe.

a
12 : 2 = ☐
18 : 2 = ☐
20 : 2 = ☐

b
20 : 10 = ☐
50 : 10 = ☐
10 : 10 = ☐

c
15 : 5 = ☐
30 : 5 = ☐
45 : 5 = ☐

S.	1	6	Nr.	3						
a)		1	2	:	2	=		6		
	K:		6	·	2	=	1	2		

4 Wie heißen die verdeckten Zahlen?

a
✱ : 10 = 2
✱ : 10 = 5
✱ : 10 = 7

b
✱ : 2 = 4
✱ : 8 = 9
✱ : 4 = 3

c
12 : ✱ = 2
8 : ✱ = 1
32 : ✱ = 8

2, 3 Malaufgabe (Umkehraufgabe) als Kontrollmöglichkeit nutzen

Verteilen

1 Spielt die Rechengeschichten mit Steckwürfeln. Schreibt jeweils Lösungsweg (L), Kontrolle (K) und Antwort (A) auf.

a) 8 Stücke Kuchen an 4 Kinder. Wie viele Stücke bekommt jedes Kind?

b) 20 Ballons an 5 Kinder. Wie viele Ballons bekommt jedes Kind?

c) 15 Aufkleber an 6 Kinder. Wie viele Aufkleber bekommt jedes Kind?

S. 17 Nr. 1
a) L: 8 : 4 = 2
K: 4 · 2 = 8
A: Jedes Kind bekommt __ Stücke.

2 Finde einen Lösungsweg (L) mit Punktebild und Geteiltaufgabe. Schreibe Kontrolle (K) und Antwort (A) auf.

a) 6 Bälle in 3 Netze. Wie viele Bälle kommen in jedes Netz?

b) 16 Kekse auf 4 Teller. Wie viele Kekse liegen auf jedem Teller?

c) 28 Blumen in 3 Vasen. Wie viele Blumen bleiben übrig?

S. 17 Nr. 2
a) L: (Punktebild)
6 : 3 = 2
K: 3 · 2 = 6
A: In jedes Netz kommen __ Bälle.

3 Zeichne ein Punktebild und löse die Geteiltaufgabe. Rechne zur Kontrolle (K) die Umkehraufgabe.

a	b	c	d
8 : 4 = ▢	5 : 1 = ▢	24 : 3 = ▢	35 : 5 = ▢
9 : 3 = ▢	12 : 2 = ▢	30 : 6 = ▢	14 : 7 = ▢

Geteiltaufgaben an Stationen üben

Übt das Aufteilen und Verteilen an verschiedenen Stationen.

1 Spielt die Rechengeschichten. Schreibt eine passende Geteiltaufgabe und eine Kontrolle (K) auf.

48 Murmeln in 6 Säckchen verteilen

18 Bälle, immer 3 in eine Dose

S. 18 Nr. 1
Salamander:
48 : 6 = 8
K: 6 · 8 =

2 Erzähle deinem Partner eine Rechengeschichte zum Bild oder zur Geteiltaufgabe. Spielt sie mit Steckwürfeln nach. Schreibt Lösungsweg (L), Kontrolle (K) und Antwort (A) auf.

32 : 8 | 20 : 5 | 16 : 2 | 24 : 4

3 Ordnet jeder Aufgabe die Umkehraufgabe zu und schreibt beide ins Heft.

5 · 4 = | 18 : 2 = | 2 · 8 = | 8 : 1 =

16 : 8 = | 9 · 2 = | 30 : 10 = | 8 · 1 =

8 · 8 = | 3 · 10 = | 20 : 4 = | 64 : 8 =

1–3 Die Aufgaben sind Beispiele für Stationen;
weitere Stationen, Kopiervorlagen und Stationenplan siehe Handbuch

1 Erkläre, wie Finn das Zahlenrätsel löst.

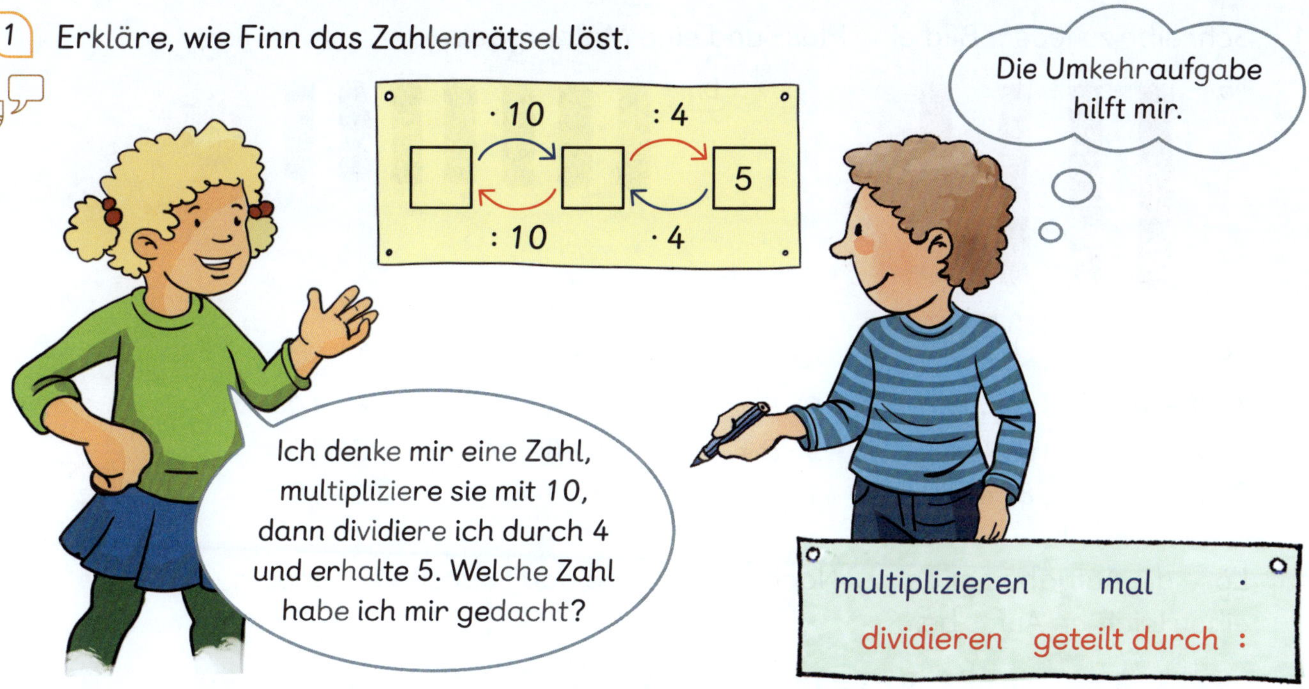

2 Welche Zahlen haben sich die Kinder gedacht?
Löse die Zahlenrätsel mit einem Pfeilbild.

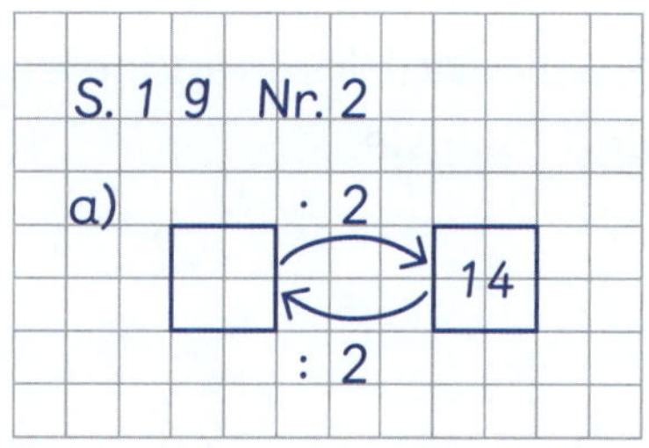

a) Linus denkt sich eine Zahl. Er multipliziert sie mit 2 und erhält 14.

b) Emma denkt sich eine Zahl. Sie dividiert sie durch 4 und erhält 4.

c) Leo denkt sich eine Zahl. Er dividiert sie durch 10, multipliziert dann mit 8 und erhält 80.

3 Lies die Aufgaben deinem Partner als Zahlenrätsel vor.
Er löst sie mit einem Pfeilbild.

a	b	c
■ · 2 = 10	■ : 10 = 7	■ · 4 : 2 = 10
■ · 5 = 45	■ : 1 = 8	■ : 5 · 4 = 20
■ · 4 = 12	■ : 2 = 6	■ · 8 : 4 = 2

4 Löse die Pfeilbilder im Heft.

a)

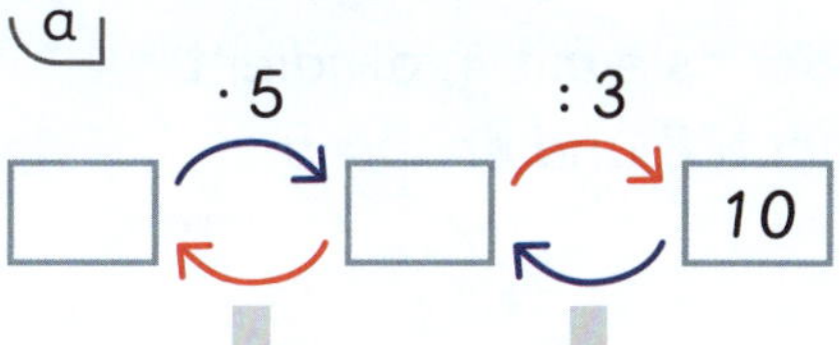

b)

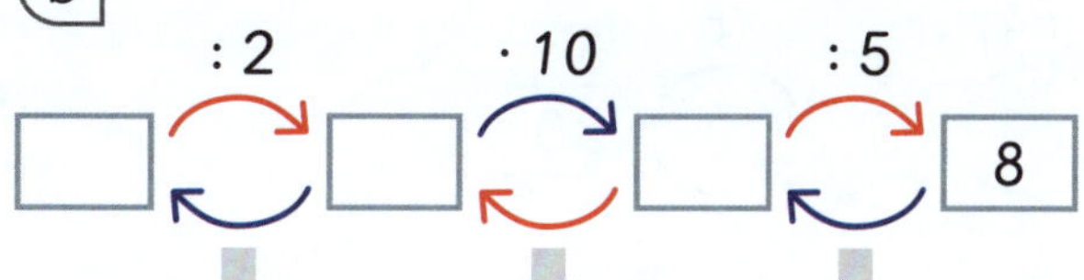

1 Schreibe zu jedem Bild eine Plus- und eine Malaufgabe.

a 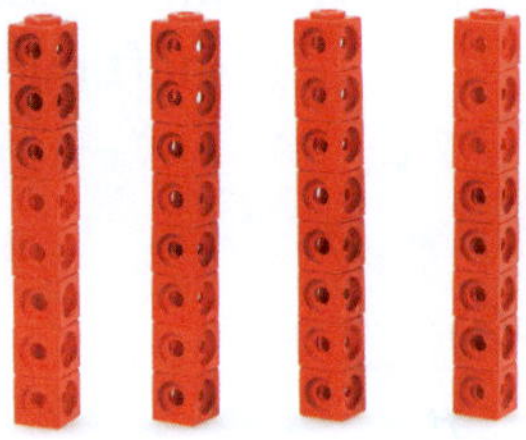

b 

2

a	b	c	d	e
4 · 2 = ☐	3 · 4 = ☐	2 · 5 = ☐	3 · 8 = ☐	4 · 10 = ☐
6 · 2 = ☐	0 · 4 = ☐	9 · 5 = ☐	5 · 8 = ☐	6 · 10 = ☐
9 · 2 = ☐	8 · 4 = ☐	1 · 5 = ☐	7 · 8 = ☐	10 · 10 = ☐

3 Löse die Aufgaben mit einer Nachbaraufgabe oder durch Verdoppeln einer leichten Aufgabe.

a 3 · 8 = ☐ b 9 · 3 = ☐ c 4 · 9 = ☐ d 6 · 4 = ☐

4 Zeichne die Mal-Rechendreiecke ins Heft und löse sie.

a 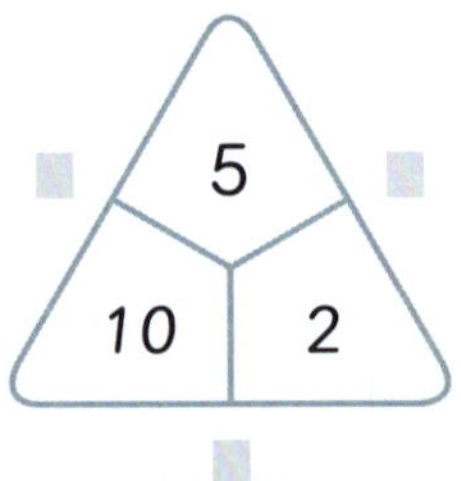

b 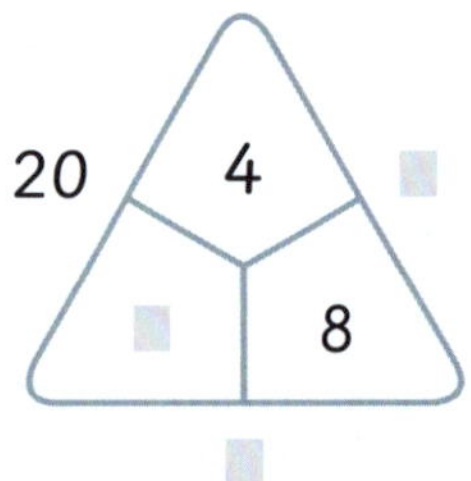

5 Finde Plus- und Malaufgaben zu dem Muster.

6 Finde einen Lösungsweg (L) mit Punktebild und Geteiltaufgabe. Schreibe Kontrolle (K) und Antwort (A) auf.

a 24 Kinder, immer 6 in eine Gruppe. Wie viele Gruppen sind es?

b 15 Bälle, immer 3 in ein Netz. Wie viele Netze braucht man?

c 30 Karten an 5 Kinder verteilt. Wie viele Karten bekommt jedes Kind?

d 21 Brötchen in 7 Tüten verpackt. Wie viele Brötchen sind in jeder Tüte?

7 Löse das Pfeilbild im Heft.

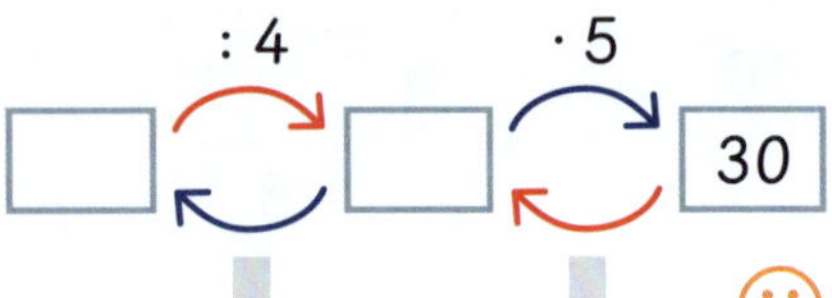

8 Eva denkt sich eine Zahl. Sie multipliziert sie mit 4, dividiert dann durch 8 und erhält 5.

Wichtige Aufgaben der fünften Lerneinheit (Heft 3, S. 4–19) wiederholen;
Selbsteinschätzung: entsprechend dem Können der Aufgabe passenden Smiley ins Heft malen

1 Zeichne die Mal-Rechendreiecke ins Heft und finde passende Zahlen.

a

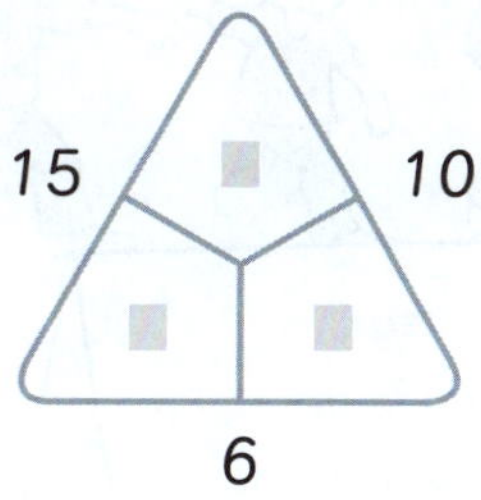

b

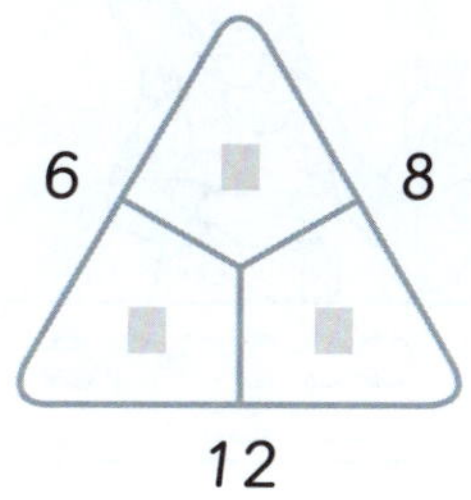

c

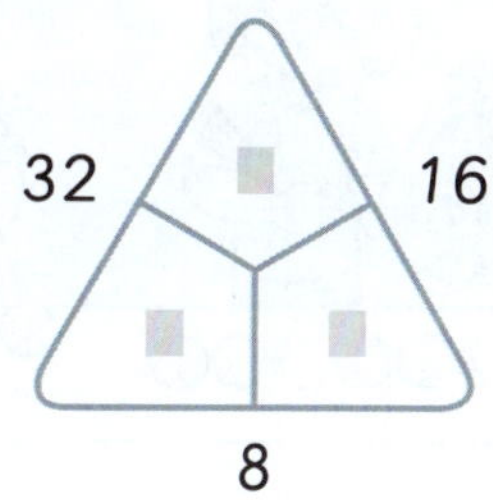

2 a

Aus wie vielen Dreiecken besteht die vierte Pyramide?

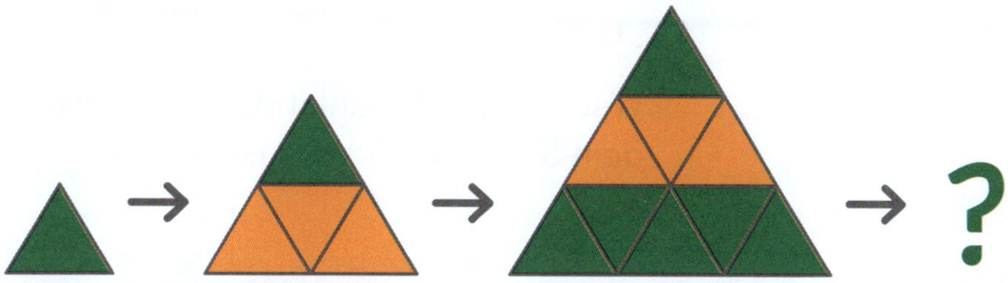

b

Zu den ersten drei Pyramiden passen diese Aufgaben:

1 = 1	1 + 3 = 4	1 + 3 + 5 = 9

Wie heißt die nächste Aufgabe?

c

Beschreibe, wie sich die Pyramiden verändern.
Wie heißt die Aufgabe zur 10. Pyramide?

3 Setze die Zeichen + und − richtig ein.

a

7 ● 5 ● 2 = 10

b

68 ● 7 ● 4 = 65

c

45 ● 7 ● 8 ● 5 = 55

d

30 ● 20 ● 10 ● 80 = 80

e

60 ● 35 ● 30 ● 25 ● 70 = 100

4 Ida denkt sich vier Zahlen aus, die zusammen 100 ergeben.

- Die erste Zahl ist die Hälfte von 100.
- Die zweite Zahl ist das Doppelte von 15.
- Bei der dritten Zahl sind die Zehnerziffer und die Einerziffer gleich.

Wie heißt die vierte Zahl?

1 Beim Schulfest bietet die Klasse 2a das Glücksspiel „Kugeln ziehen“ an.
Sie füllen drei Säcke mit roten und blauen Kugeln.

a) Beschreibe, wie die Säcke 1, 2 und 3 gefüllt werden.

b) Welchen Sack wählst du, wenn du an dem Spiel teilnimmst? Begründe.

2 a) Füllt einen Sack mit Kugeln wie Sack 1.
Zieht 20-mal eine Kugel und notiert das Ergebnis.
Führt das Experiment auch mit den Säcken 2 und 3 durch.

b) Bei welchem Sack wurde am meisten Blau gezogen?

c) Vergleicht euer Ergebnis mit dem anderer Gruppen. Was stellt ihr fest?

3 Bens Gruppe hat das Experiment durchgeführt. Das sind die Ergebnisse.
Zu welchem Sack könnten die Strichlisten gehören? Begründe.

A Blau	Rot
卌 IIII	卌 卌 I

B Blau	Rot
卌 卌 卌 II	III

C Blau	Rot
卌	卌 卌 卌

4 Richtig oder falsch? Schreibe nur die richtigen Aussagen auf.

a) Bei Sack 1 ist die Chance zu gewinnen am größten.

b) Bei Sack 3 kann man verlieren, auch wenn man 5-mal spielt.

c) Bei Sack 1 kann man gewinnen.

d) Bei Sack 2 ist das Spiel gerecht.

2 Nach jedem Zug wird die Kugel zurückgelegt

1 Die Klasse 2b bietet beim Schulfest „Glücksräder-Drehen" an.

a) Beschreibe, wie die Glücksräder aufgebaut sind.

b) Welches Glücksrad wählst du, um zu gewinnen? Begründe.

2 Richtig oder falsch? Schreibe nur die richtigen Aussagen auf.

a) An Glücksrad 1 gewinnt man immer.

b) An Glücksrad 1 ist das Spiel gerecht.

c) An Glücksrad 1 und 2 sind die Chancen zu gewinnen gleich groß.

d) An Glücksrad 2 gibt es mehr blaue als weiße Flächen.

e) An Glücksrad 3 ist das Spiel gerecht.

f) An Glücksrad 3 ist die Chance zu gewinnen am größten.

3 Erfinde für deinen Partner weitere Aussagen wie in Aufgabe 2.

?

4 Zeichne für jeden Satz ein Glücksrad. Begründe deine Entscheidung.

a) Man gewinnt nur selten.

b) Man gewinnt oft.

c) Man gewinnt immer.

5 Emma dreht 3-mal an diesem Glücksrad mit Zahlen. Sie addiert ihre Ergebnisse und erhält die Zahl 42.

Welche drei Zahlen könnte Emma getroffen haben? Finde alle drei Möglichkeiten.

4 Glücksrad (Kopiervorlage) verwenden

1 Wie viele Kugeln sind in den Hörnchen?
Zeichne die Tabelle ins Heft und ergänze sie.

Hörnchen	1	2	3	4	5	6	7	8	9	10
Kugeln	3	6								

2 Schreibe zu jeder Plusaufgabe eine Malaufgabe und löse sie.

a

3 + 3 + 3 + 3 = □
3 + 3 + 3 + 3 + 3 = □
3 + 3 + 3 + 3 + 3 + 3 + 3 = □

b

5 + 5 + 5 = □
8 + 8 + 8 = □
10 + 10 + 10 = □

3 a

2 · 3 = □
0 · 3 = □
3 · 3 = □
8 · 3 = □
4 · 3 = □
6 · 3 = □
5 · 3 = □
9 · 3 = □
7 · 3 = □
1 · 3 = □

b

3 · 2 = □
3 · 6 = □
3 · 10 = □
3 · 8 = □
3 · 1 = □
3 · 5 = □
3 · 4 = □
3 · 7 = □
3 · 9 = □
3 · 0 = □

4 Schreibe die Aufgaben der 3er-Reihe geordnet auf.

5 Übe mit deinem Partner das Einmaleins mit 3.
Die Kernaufgaben müsst ihr auswendig wissen.

6 Ergänze deine Einmaleinstabelle mit den Lösungen des Einmaleins mit 3.

Einmaleins mit 3

1 · 3 = □
2 · 3 = □
3 · 3 = □
4 · 3 = □
5 · 3 = □
6 · 3 = □
7 · 3 = □
8 · 3 = □
9 · 3 = □
10 · 3 = □

4 Ggf. mit Einmaleins-Übungskarte (Beilage 6) kontrollieren
5 Einmaleins-Übungskarte (Beilage 6) verwenden

1 Schreibe die 3er-Reihe in eine Tabelle und verdopple.

3er-Reihe	3	6	9	12	15					
+ 3er-Reihe	3									
= □er-Reihe	6									

2 Schreibe zu jeder Plusaufgabe eine Malaufgabe und löse sie.

a

6 + 6 + 6 =
6 + 6 + 6 + 6 + 6 =
6 + 6 + 6 + 6 + 6 + 6 + 6 + 6 =

b

8 + 8 + 8 + 8 + 8 + 8 =
1 + 1 + 1 + 1 + 1 + 1 =
4 + 4 + 4 + 4 + 4 + 4 =

3 a

1 · 6 = 2 · 6 = 7 · 6 = 3 · 6 = 0 · 6 =
5 · 6 = 6 · 6 = 8 · 6 = 9 · 6 = 4 · 6 =

b

6 · 3 = 6 · 4 = 6 · 10 = 6 · 8 = 6 · 2 =
6 · 9 = 6 · 5 = 6 · 1 = 6 · 7 = 6 · 0 =

4 Schreibe die Aufgaben der 6er-Reihe geordnet auf.

5 Übe mit deinem Partner das Einmaleins mit 6.
Die Kernaufgaben müsst ihr auswendig wissen.

6 Ergänze deine Einmaleinstabelle mit den Lösungen des Einmaleins mit 6.

Einmaleins mit 6

1 · 6 = □
2 · 6 = □
3 · 6 = □
4 · 6 = □
5 · 6 = □
6 · 6 = □
7 · 6 = □
8 · 6 = □
9 · 6 = □
10 · 6 = □

4 Ggf. mit Einmaleins-Übungskarte (Beilage 6) kontrollieren
5 Einmaleins-Übungskarte (Beilage 6) verwenden

1 Beachte die 9er-Reihe in deiner Einmaleinstabelle. Was stellst du fest?

9	10
1 · 9 =	1 · 10 =
2 · 9 =	2 · 10 =
3 · 9 =	3 · 10 =
4 · 9 =	4 · 10 =
5 · 9 =	5 · 10 =
6 · 9 =	6 · 10 =
7 · 9 =	7 · 10 =
8 · 9 =	8 · 10 =
9 · 9 =	9 · 10 =
10 · 9 =	10 · 10 =

2 Leo löst die fehlenden Aufgaben mit einem Trick. Erkläre.

3 Schreibe die 10er-Reihe und die 1er-Reihe in eine Tabelle. Subtrahiere die Zahlen.

10er-Reihe	10	20	30	40	50					
− 1er-Reihe	1									
= er-Reihe	9									

4 Schreibe zu jeder Malaufgabe eine Plusaufgabe.

a	b	c	d
2 · 9 =	3 · 9 =	1 · 9 =	9 · 7 =
4 · 9 =	6 · 9 =	5 · 9 =	9 · 0 =
8 · 9 =	9 · 9 =	10 · 9 =	9 · 4 =

S. 26 Nr. 4
a) 2 · 9 = 9 + 9 = 18

5 Schreibe die Aufgaben der 9er-Reihe geordnet auf.

Einmaleins mit 9

1 · 9 = □
2 · 9 = □
3 · 9 = □
4 · 9 = □
5 · 9 = □
6 · 9 = □
7 · 9 = □
8 · 9 = □
9 · 9 = □
10 · 9 = □

6 Übe mit deinem Partner das Einmaleins mit 9. Die Kernaufgaben müsst ihr auswendig wissen.

7 Ergänze deine Einmaleinstabelle mit den Lösungen des Einmaleins mit 9.

1 Feststellen, dass nur noch wenige Lösungen fehlen
5 Ggf. mit Einmaleins-Übungskarte (Beilage 6) kontrollieren
6 Einmaleins-Übungskarte (Beilage 6) verwenden

1 Zeichne an einem Zahlenstrahl die Reihen mit Pfeilen ein. Was fällt dir auf?

a) 3er-Reihe b) 6er-Reihe c) 9er-Reihe

2 Welche Zahlen kommen in allen drei Reihen vor?

3 Welche Aussagen sind richtig, welche sind falsch? Begründe.

a) Jede Zahl aus der 3er-Reihe kommt auch in der 6er-Reihe vor.

b) Jede Zahl aus der 9er-Reihe kommt auch in der 3er-Reihe vor.

c) Jede Zahl aus der 6er-Reihe kommt auch in der 9er-Reihe vor.

d) Es gibt eine Zahl, die kommt in der 3er-, 6er- und 9er-Reihe vor.

4 Setze fort, soweit du kannst.

a)
$0 \cdot 3 =$ ▢
$2 \cdot 3 =$ ▢
$4 \cdot 3 =$ ▢

b)
$1 \cdot 6 =$ ▢
$3 \cdot 6 =$ ▢
$5 \cdot 6 =$ ▢

c)
$10 \cdot 9 =$ ▢
$8 \cdot 9 =$ ▢
$6 \cdot 9 =$ ▢

d)
$1 \cdot 1 =$ ▢
$2 \cdot 2 =$ ▢
$3 \cdot 3 =$ ▢

5 Beschreibe die Tiger-Päckchen von Aufgabe 4.

6

Wurfspiel Spiel für 2 Gruppen
- Wurfscheibe an die Tafel zeichnen
- kleinen Schwamm anfeuchten
- jeder hat einen Wurf
- Ergebnis notieren
- Punkte ausrechnen

1 Zahlenstrahl (Kopiervorlage) verwenden; feststellen, dass sich die Einmaleinsreihen überschneiden
5 Erste Zahl …, zweite Zahl …, Ergebnis …

1 15 24 12 40 28 30

a) Suche in deiner Einmaleinstabelle die Ergebniszahlen und schreibe alle passenden Malaufgaben auf.

S. 28 Nr. 1
a) 15 = 3 · 5
15 =

b) Zu welchen Ergebniszahlen findest du die meisten Aufgaben?

2 Löse die Aufgaben. Überprüfe mit deiner Einmaleinstabelle.

a	b	c	d
3 · 9 = □	1 · 4 = □	2 · □ = 12	10 · □ = 60
4 · 8 = □	7 · 3 = □	4 · □ = 20	6 · □ = 18
5 · 6 = □	10 · 2 = □	8 · □ = 24	9 · □ = 81
10 · 5 = □	2 · 8 = □	1 · □ = 10	5 · □ = 45

3 Stellt euch gegenseitig Einmaleinsaufgaben. Verwendet die Einmaleinstabelle.

4

a)

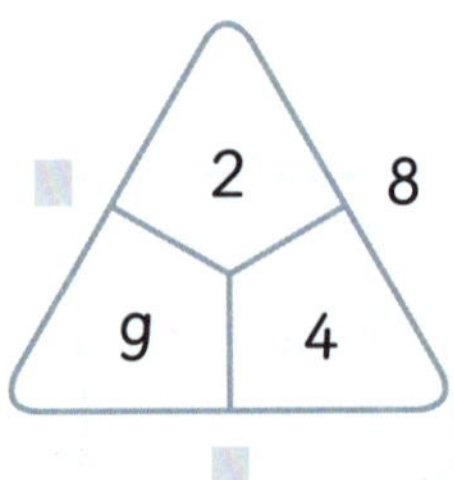

b)

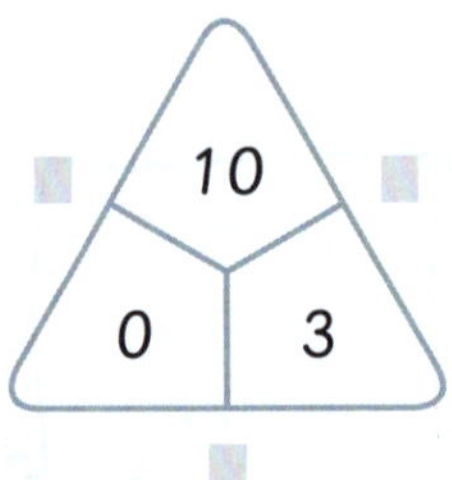

c)

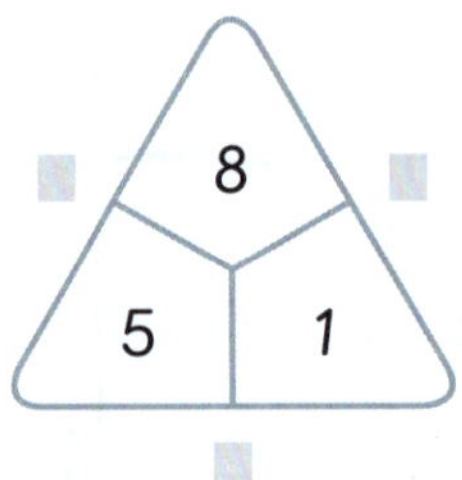

d)

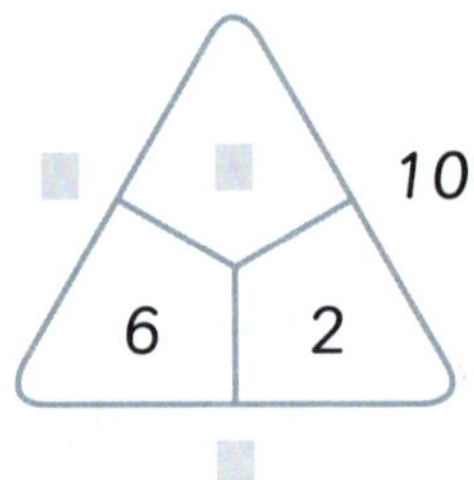

5 Löse die Zahlenrätsel mit einem Pfeilbild.

a) Gor denkt sich eine Zahl. Er dividiert sie durch 2 und erhält 6.

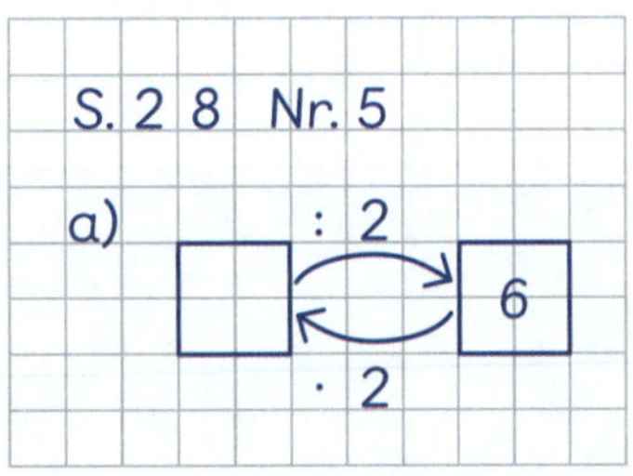

b) Emma denkt sich eine Zahl. Sie multipliziert sie mit 4 und erhält 20.

c) Timo denkt sich eine Zahl. Er dividiert sie durch 3, multipliziert dann mit 9 und erhält 18.

1 Die F-Jugend des FC Herten hat 3 Hemden und 2 Hosen in verschiedenen Farben.

a) Wie viele verschiedene Möglichkeiten gibt es mit blauem Hemd? Male.

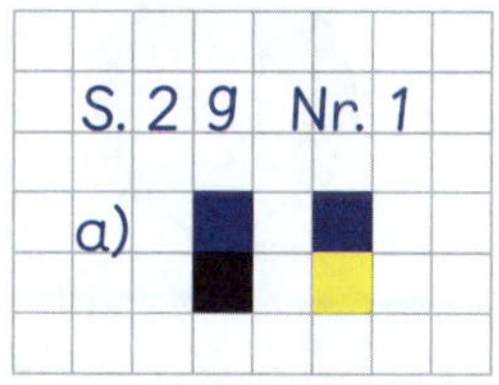

b) Wie viele verschiedene Möglichkeiten gibt es mit gelber Hose? Male.

c) Wie viele verschiedene Möglichkeiten gibt es insgesamt? Male und finde eine Malaufgabe.

2 Das sind die Hemden und Hosen anderer Vereine.
Wie viele verschiedene Zusammenstellungen sind möglich? Löse mit einer Malaufgabe.

a) FC Weil 

b) FC Roxel 

c) FC Murg 

d) FC Lenz 

3 Der FC Weil hat noch Trainingsjacken in Schwarz und Weiß.
Mascha behauptet: „Mit den 2 Hosen, den 2 Hemden und den 2 Jacken habe ich 6 verschiedene Möglichkeiten, mich anzuziehen." Stimmt das? Überprüfe.

4 Löse die Pfeilbilder im Heft.

a)

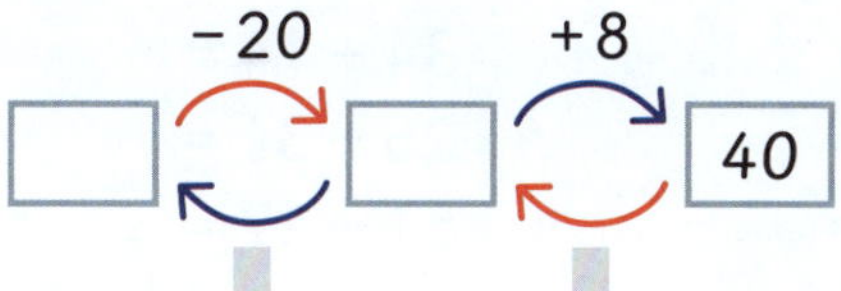

b)

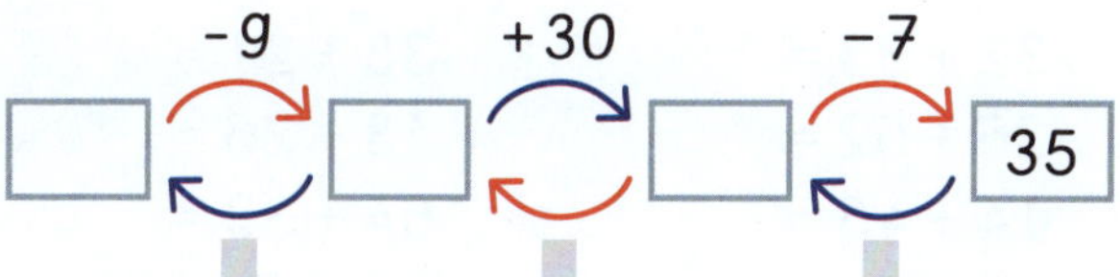

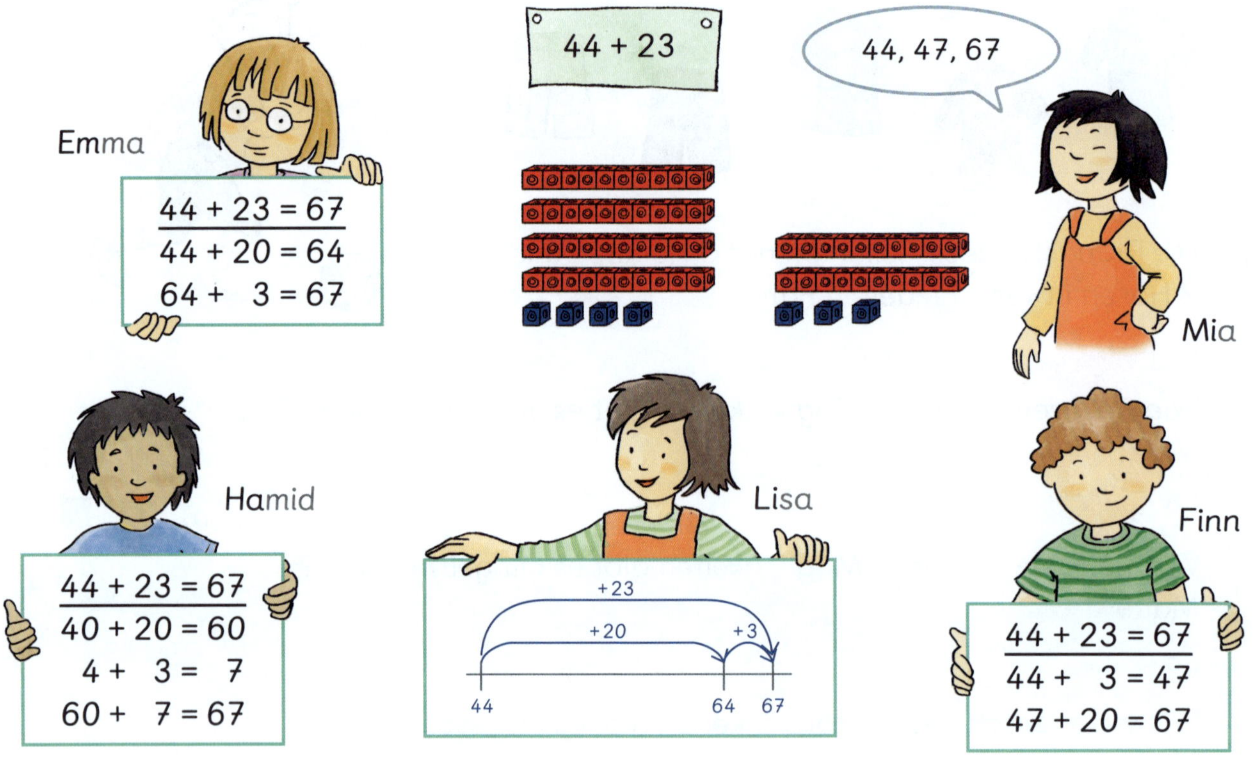

1 Wie rechnen die Kinder die Aufgabe 44 + 23?
Erkläre. Die Wortstreifen helfen dir.

... am Zahlenstrich.

... im Kopf.

... die Zehner und die Einer getrennt.

... zuerst plus die Einer, dann plus die Zehner.

... zuerst plus die Zehner, dann plus die Einer.

2 Rechne wie die Kinder.

a Hamid	b Emma	c Lisa	d Finn	e Mia
52 + 35 =	46 + 33 =	24 + 65 =	54 + 13 =	37 + 41 =
63 + 12 =	71 + 17 =	13 + 73 =	22 + 44 =	53 + 15 =

3 Rechne mit deinem Weg.

a	b	c	d
32 + 33 =	38 + 21 =	31 + 55 =	34 + 14 =
26 + 52 =	43 + 26 =	17 + 32 =	25 + 31 =
14 + 45 =	64 + 33 =	76 + 11 =	51 + 27 =
53 65 59 78	59 69 79 97	49 86 87 94	56 48 68 78

1 Verschiedene Rechenwege in einer Mathekonferenz untersuchen und nachvollziehen; ggf. eigenen Rechenweg beschreiben und rechnen

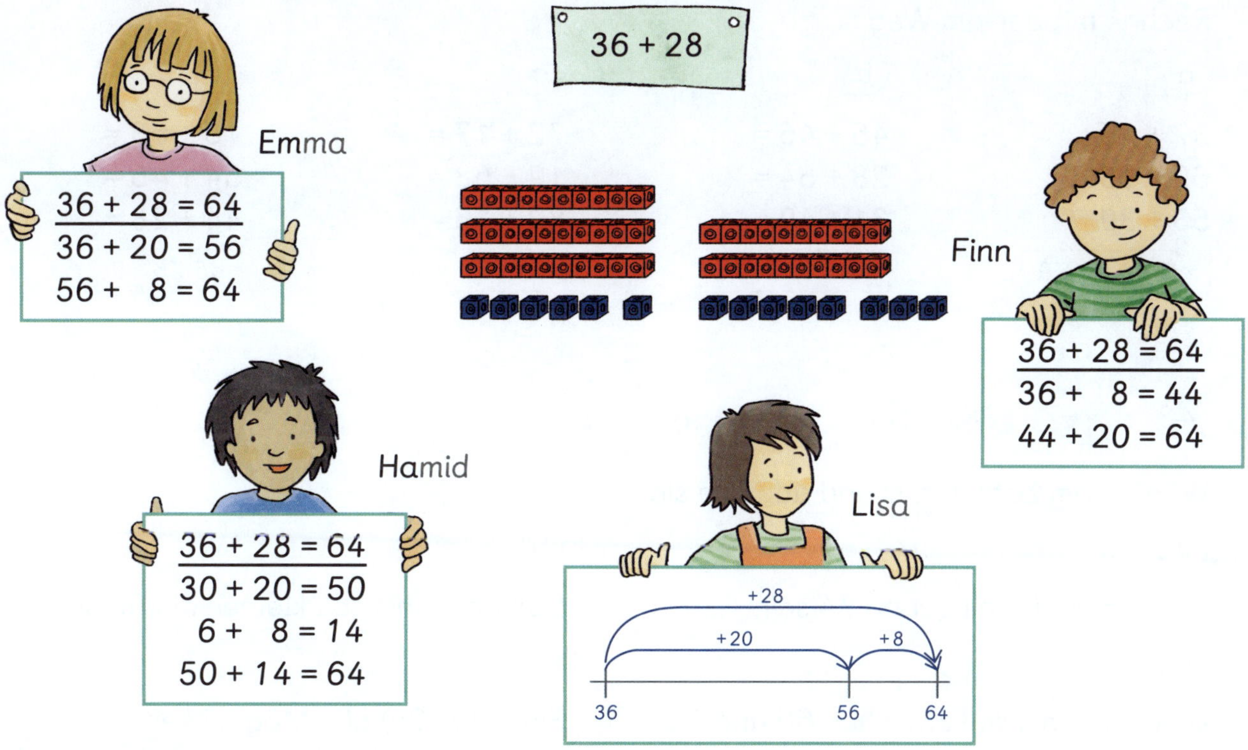

1 Beurteile die Rechenwege der Kinder. Verwende diese Begriffe.

... ist leichter als ...

... geht nicht immer.

... dauert sehr lange.

... ist umständlich.

... ist sicherer als ...

2 Rechne wie die Kinder.

a) Emma	b) Hamid	c) Finn	d) Lisa
52 + 29 = □	48 + 23 = □	26 + 66 = □	59 + 13 = □
66 + 18 = □	79 + 18 = □	17 + 74 = □	39 + 48 = □

3 Rechne mit deinem Weg.

a)	b)	c)	d)
34 + 48 = □	29 + 36 = □	47 + 28 = □	28 + 52 = □
53 + 17 = □	62 + 38 = □	14 + 77 = □	58 + 26 = □

4 Rechne mit dem Rechentrick von Luis.

a)	b)
56 + 29 = □	73 + 19 = □
44 + 49 = □	42 + 39 = □
36 + 19 = □	88 + 9 = □
15 + 59 = □	17 + 69 = □

1 Verschiedene Rechenwege in einer Mathekonferenz untersuchen und beurteilen; ggf. eigenen Rechenweg beschreiben und rechnen

1 Rechne mit deinem Weg.

a	b	c	d
37 + 25 =	46 + 46 =	72 + 17 =	18 + 63 =
69 + 18 =	28 + 54 =	19 + 63 =	54 + 45 =
53 + 39 =	31 + 49 =	82 + 16 =	44 + 28 =
62 75 87 92	80 82 84 92	76 82 89 98	72 81 92 99

2 48 17 24 35 46 39

Wähle zwei Zahlen aus und addiere sie.

a) Das Ergebnis soll genau 74 sein.

b) Das Ergebnis soll kleiner als 60 sein.

c) Das Ergebnis soll zwischen 60 und 80 liegen.

d) Finde für 2c) alle Möglichkeiten. Wie viele sind es?

3 Schreibe Lösungsweg (L) und Antwort (A) auf.

Zahlen aus der Grundschule Weizen

Klasse 1: 24 Kinder
Klasse 2: 19 Kinder
Klasse 3: 23 Kinder
Klasse 4: 26 Kinder

a) Wie viele Kinder gehen insgesamt in die Grundschule Weizen?

b) In der Aula stehen 77 Stühle. Der Hausmeister stellt noch 14 dazu. Reichen die Stühle für alle Kinder?

c) In die Grundschule Weizen gehen genau gleich viele Jungen wie Mädchen. Wie viele Jungen sind das?

d) ? Erfinde Plusaufgaben mit Zahlen aus deiner Schule.

4 Richtig oder falsch? Verbessere die falschen Aufgaben.

a	b	c
37 + 48 = 84	29 + 64 = 93	51 + 46 = 79
37 + 40 = 77	30 + 64 = 94	51 + 40 = 91
77 + 8 = 84	94 − 1 = 93	91 + 6 = 97

3a Die Gesamtzahl der Schüler mit drei Plusaufgaben ermitteln

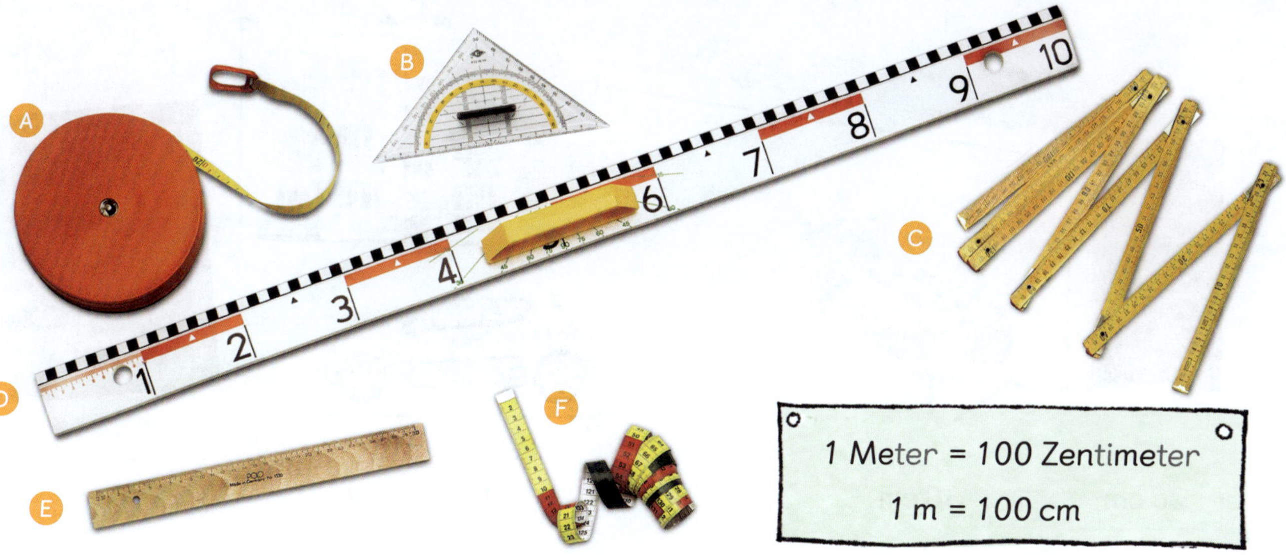

1 Meter = 100 Zentimeter
1 m = 100 cm

1 Wie heißen die Messgeräte? Ordne die Namen zu.

Rollbandmaß | Tafellineal | Gliedermaßstab/Zollstock | Lineal | Maßband | Geodreieck

2 Mit welchem Messgerät kannst du die Dinge am besten messen?

- Breite der Tür
- Großer Schritt
- Bauchumfang
- Höhe des Tisches
- Länge des Klassenzimmers
- Dicke des Bleistiftes
- Breite des Fingers
- Breite des Heftes

S. 33 Nr. 2
Breite der Tür: Zollstock

3 Schätzt die Länge, Breite ... der Dinge von Aufgabe 2.
Messt dann und schreibt die Maße auf.

Beim Messen beginne ich immer bei 0.

4 Entscheide, ob die Aussage stimmt. Überprüfe dann mit einem geeigneten Messgerät und schreibe die Sätze richtig auf.

- Mein Stuhl ist 75 cm hoch.
- Meine Lehrerin ist 1 m und 85 cm groß.
- Das Klassenzimmer ist 4 m breit.
- Mein Zeigefinger ist 15 cm lang.

5

2 · 2 = 4	2 · 5 = 10	3 · 4 = 12	1 · 8 = 8	2 · 4 = 8
4 · 2 = 8	5 · 5 = 25	6 · 4 = 24	3 · 8 = 24	2 · 6 = 12
7 · 2 = 14	8 · 5 = 40	9 · 4 = 36	6 · 8 = 48	2 · 9 = 18

2 Es können mehrere Messgeräte sinnvoll sein
5 Stoppuhr oder Sanduhr verwenden

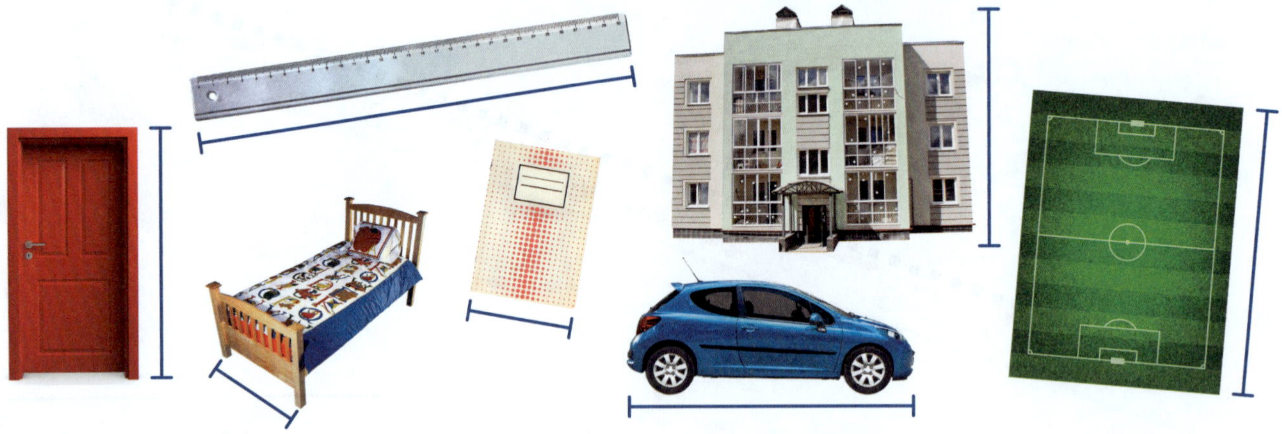

20 cm | 30 cm | 10 m | 100 m

1 m | 2 m | 4 m

S. 34 Nr. 1
Heftbreite: 20 cm

1 Ordne den Gegenständen die Maße zu. Präge sie dir als Merkmaße ein.

2 Mithilfe der Gegenstände von Aufgabe 1 kannst du die Längen von anderen Dingen schätzen.

a) Schätze und überprüfe.

- Länge des Schulhofs
- Länge der Sporthalle
- Höhe des Klassenzimmers
- Länge einer Salatgurke

b) Schätze und vergleiche mit deinem Partner.

- Länge eines Lkw
- Breite einer Straße
- Höhe des Schulhauses
- Höhe der Kirche

3 Findet weitere Dinge in eurer Umgebung, deren Länge, Breite oder Höhe ihr schätzen könnt. Schreibt sie auf.

4 Emma behauptet: „In mein Zimmer könnte man 5 Betten nebeneinanderstellen." Wie breit ist Emmas Zimmer?

5 Vor einer Ampel stehen 7 Autos. Wie lang ist die Schlange etwa?

6 Ein neues Haus mit 5 Stockwerken soll gebaut werden. Wie hoch wird das Haus etwa?

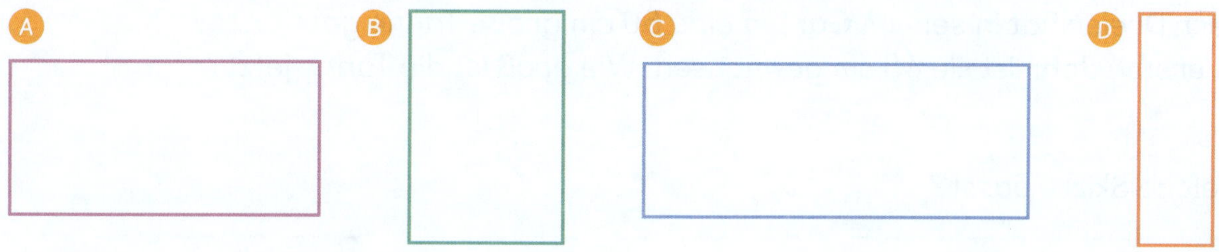

1 Miss Länge und Breite der Rechtecke und zeichne sie mit dem Lineal ins Heft. Schreibe die Maße dazu.

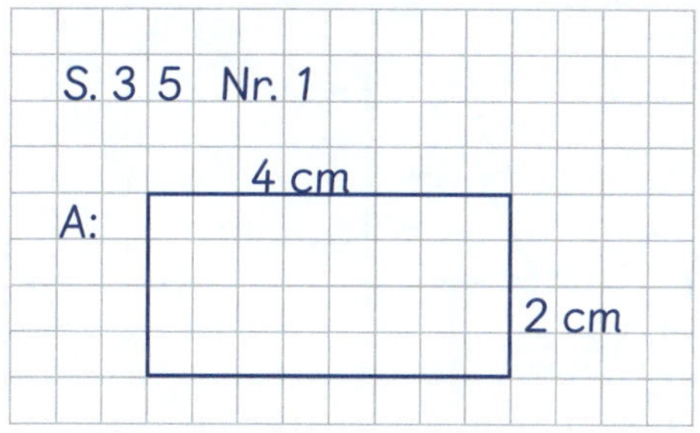

2 Zeichne weitere Rechtecke.

a) Länge: 4 cm Breite: 3 cm

b) Länge: 6 cm Breite: 2 cm

c) Länge: 5 cm Breite: 1 cm

3 Zeichne Quadrate.

a) Länge: 2 cm b) Länge: 4 cm c) Länge: 5 cm d) Länge: 3 cm

4 Zeichne die Figuren mit dem Lineal ins Heft.

a)

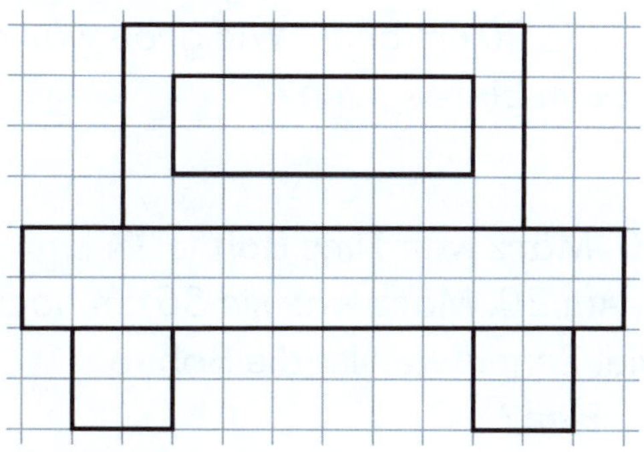

b)

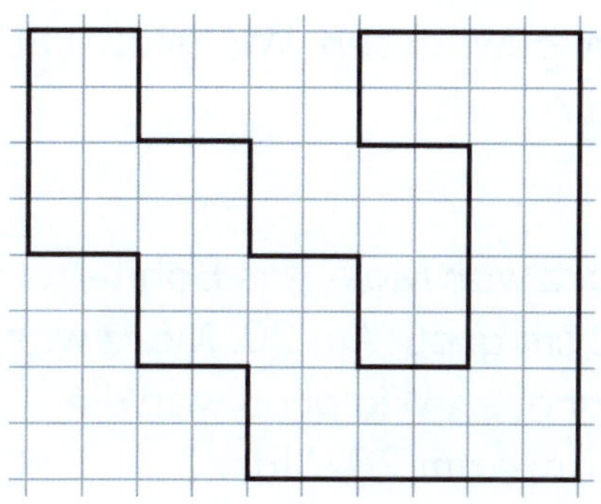

c)

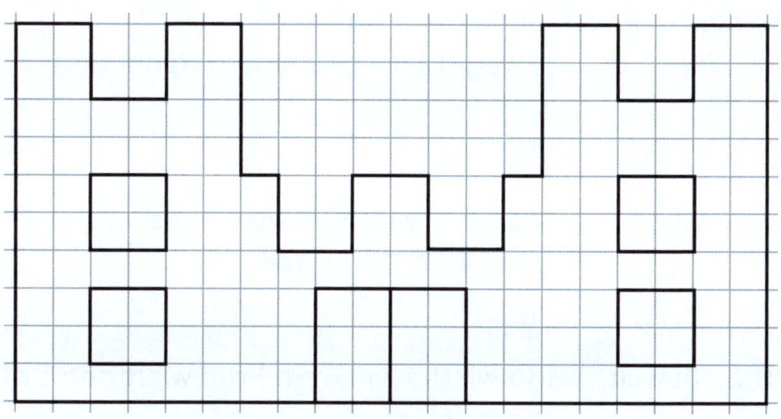

5 Zeichne eigene Figuren.

?

Skizze als Lösungshilfe – Sachrechnen

1 Herr Dreier hat in seinem Garten eine 50 cm große Tanne gepflanzt.
Im ersten Jahr ist sie 45 cm gewachsen. Wie groß ist die Tanne jetzt?

a

Welche Skizze passt?

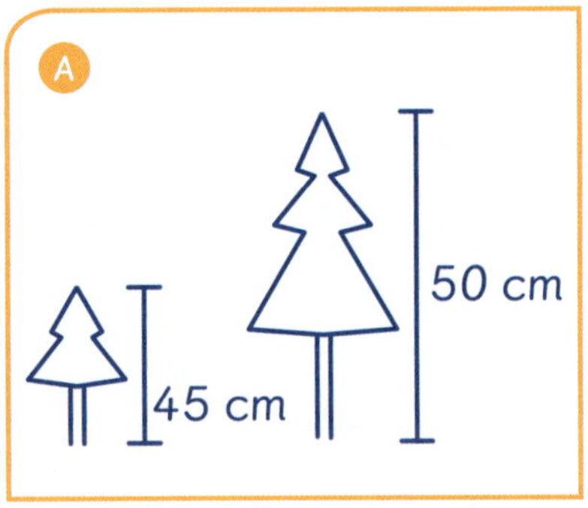

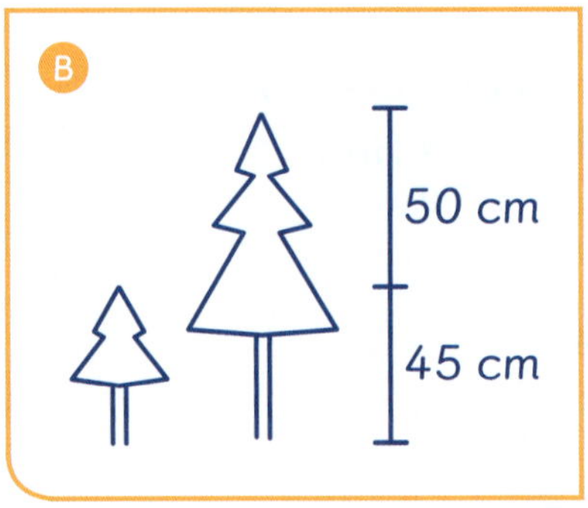

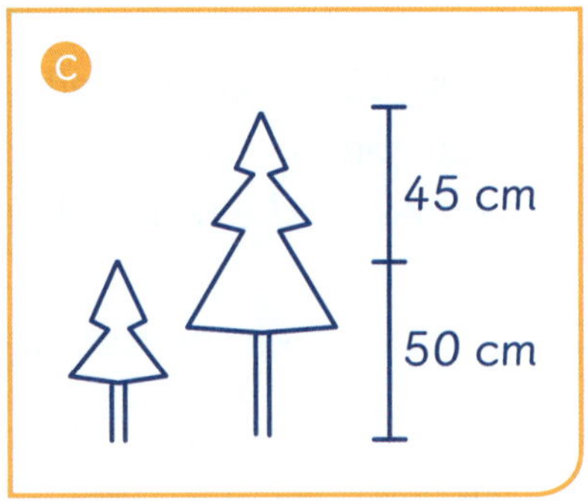

b

Schreibe Lösungsweg (L) und Antwort (A) auf.

2 Finde einen Lösungsweg (L) mit Skizze und Rechnung. Schreibe eine Antwort (A) auf.

a

Frau Benner hat eine 30 cm große Fichte gepflanzt. Ihr Baum ist im ersten Jahr 38 cm gewachsen. Wie groß ist die Fichte jetzt?

b

Frau Sagner hat eine Birke gepflanzt, die im ersten Jahr 65 cm gewachsen ist. Nun ist sie 90 cm groß. Wie groß war die Birke beim Einpflanzen?

c

Am 10. März war Maschas Bohnenpflanze 12 cm groß. Am 20. März war sie 19 cm größer. Wie groß war die Bohnenpflanze am 20. März?

d

Am 10. März war Tims Bohne 14 cm hoch. Am 20. März war sie 36 cm hoch. Wie viel Zentimeter ist die Bohne gewachsen?

3 Beim Sportfest vergleichen die Kinder ihre Weiten beim Ballwurf.
Finde jeweils eine Frage (F) und einen Lösungsweg (L) mit Skizze und Rechnung.
Schreibe eine Antwort (A) auf.

a

Gor wirft den Ball 15 m weit. Lisa wirft ihn 3 m kürzer.

b

Mascha wirft 6 m weiter als Leon. Leon wirft 17 m weit.

c

Juri wirft 16 m weit, Maja wirft 22 m weit.

d

Ida wirft 12 m weit. Paul wirft den Ball doppelt so weit.

e ?

Erfinde Aufgaben für deinen Partner.

Der Blauwal

Länge: etwa 25 m
Gewicht: bis zu 130 Tonnen
Alter: bis 55 Jahre
Tauchgang: 5 bis 20 Minuten
Höhe des Blas: bis zu 10 m
Höchstgeschwindigkeit: 45 km/h

Der Schwertwal

Länge: etwa 9 m
Gewicht: bis zu 10 Tonnen
Alter: bis 50 Jahre
Tauchgang: 5 bis 10 Minuten
Höhe des Blas: bis zu 2 m
Höchstgeschwindigkeit: 60 km/h

1 Tina und Linus haben viele Informationen über Wale gesammelt.

a) Was kannst du auf den Plakaten über die Wale erfahren?

b) ? Vergleiche die beiden Wale und erfinde Fragen. Diese Wortstreifen helfen dir.

Wie viel höher …? | Wie viel Mal …? | Wie viel älter …? | Wie viel schneller …? | Wie viel schwerer …?

2 Finde eine Frage (F) und einen Lösungsweg (L) mit Skizze und Rechnung. Schreibe eine Antwort (A) auf.

a) Bei der Geburt ist ein Blauwal 8 m lang.

b) Ein ausgewachsener Schwertwal ist 7 m länger als bei seiner Geburt.

c) Das längste Tier der Welt ist ein Schnurwurm. Er ist 5 m länger als ein Blauwal.

S. 37 Nr. 2
a) F: Wie viel Meter wächst er noch?
L: 8 m / 25 m
25 m –
A:

3 Sammelt Informationen über einen anderen Wal. Gestaltet ein Plakat und präsentiert eure Ergebnisse der Klasse.

Informationen über Wale finde ich in Zeitschriften, Büchern und im Internet.

4 Messt im Schulhof die Länge des Blauwals ab und zeichnet sie mit Kreide auf. Zeichnet die Längen anderer Wale daneben.

1 Schreibe zu jeder Plusaufgabe eine Malaufgabe und löse sie.

a
3 + 3 + 3 + 3 + 3 =
6 + 6 + 6 + 6 + 6 + 6 + 6 =
9 + 9 + 9 + 9 =

b
4 + 4 + 4 =
5 + 5 + 5 + 5 + 5 + 5 =
2 + 2 + 2 + 2 + 2 + 2 + 2 + 2 =

2

a	b	c	d	e
6 · 3 =	4 · 6 =	10 · 9 =	1 · 8 =	3 · 5 =
9 · 3 =	0 · 6 =	7 · 9 =	4 · 4 =	8 · 10 =
5 · 3 =	8 · 6 =	2 · 9 =	7 · 2 =	5 · 1 =

3 Marie hat für ihre Puppe 4 T-Shirts, 2 Hosen und einen Rock. Wie viele verschiedene Möglichkeiten hat sie, ihre Puppe anzuziehen?

4 Rechne mit deinem Weg.

a	b	c	d
42 + 35 =	68 + 14 =	19 + 72 =	53 + 29 =
77 + 21 =	26 + 58 =	33 + 48 =	78 + 19 =

5 Zeichne Rechtecke.

a Länge: 7 cm Breite: 1 cm
b Länge: 5 cm Breite: 2 cm
c Länge: 3 cm Breite: 6 cm

6 Zeichne Quadrate.

a Länge: 3 cm
b Länge: 5 cm
c Länge: 2 cm

7 Miss Länge und Breite der Rechtecke und zeichne sie mit dem Lineal ins Heft. Schreibe die Maße dazu.

A

B

C

D

1–7 Wichtige Aufgaben aus der sechsten Einheit (Heft 3, S. 22–37) wiederholen; Selbsteinschätzung: entsprechend dem Können der Aufgabe passenden Smiley ins Heft malen

1 Welche blaue Linie ist länger? Schätze zuerst, miss dann nach.

a 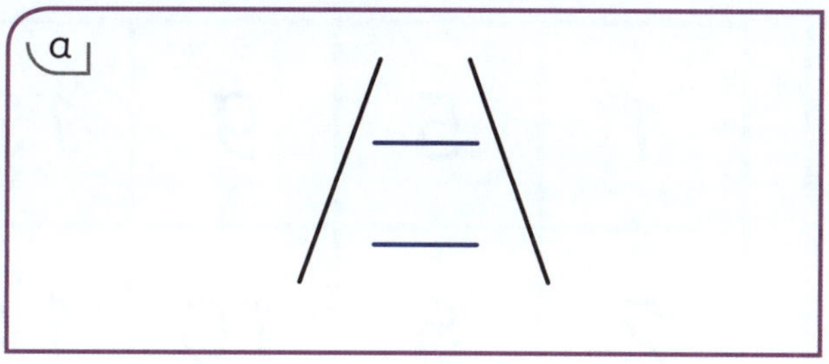

b 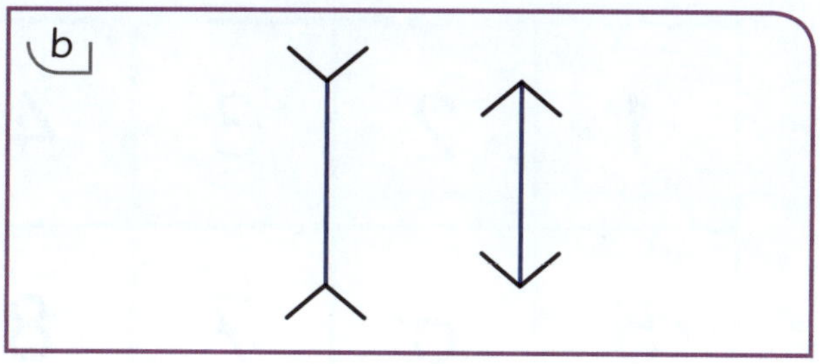

2 Welche Gitarre ist kürzer, welches ist der größte Mann? Schätze zuerst, miss dann nach.

a 

b 

3 Linus und Nele bauen eine Slalomstrecke mit Hütchen auf. Sie ist 10 m lang. Zwischen den Hütchen ist immer 1 m Abstand. Wie viele Hütchen müssen die Kinder aufstellen? Löse mit einer Skizze.

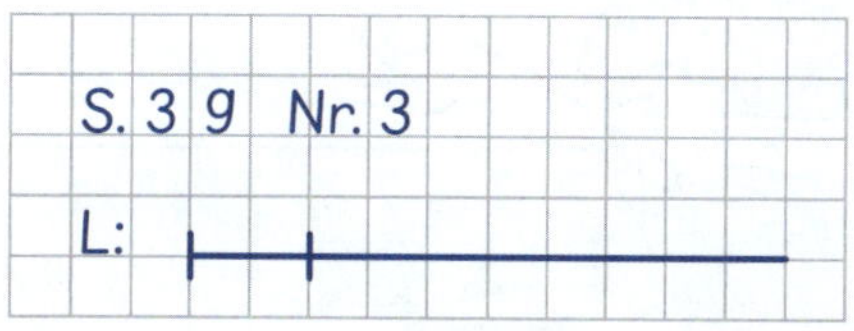

4 

a Juri hat dreimal geworfen und 18 Punkte erreicht. Welche Zahlen könnte er getroffen haben? Finde alle Möglichkeiten.

b Mara hat viermal geworfen und ebenfalls 18 Punkte erreicht. Welche Zahlen könnte sie getroffen haben? Finde alle Möglichkeiten.

c Gor behauptet: „Ich habe dreimal geworfen und genau 21 Punkte erreicht." Kann das stimmen? Begründe.

Spieler 1

1	2	3	4
5	6	7	8
9	10	11	12
13	14	15	16

Spieler 2

1	5	9	13
2	6	10	14
3	7	11	15
4	8	12	16

Rechenbingo

Spiel für 2 Kinder

Ihr braucht:
2 Zehnerwürfel, je Spieler 10 Plättchen

Spielregeln:

- Der erste Spieler würfelt mit 2 Würfeln. Er findet eine Aufgabe und löst sie. Alle Rechenarten sind erlaubt.
- Dann legt er ein Plättchen auf die Lösungszahl in seinem Spielfeld.
- Nun ist sein Partner an der Reihe.
- Sieger ist, wer zuerst eine Zeile, eine Spalte oder eine Diagonale mit Plättchen belegt hat.

Plättchen der Beilage 1 verwenden